"国家示范性高等职业院校建设计划项目"中央财政支持重点建设专业

杨凌职业技术学院水利水电建筑工程专业课程改革系列教材

水利工程施工资料整编

《水利工程施工资料整编》课程建设团队　主编

中国水利水电出版社
www.waterpub.com.cn

内 容 提 要

　　全书共分为 4 个模块，主要内容有工程档案的基本认识、工程施工文件资料的整编、水利工程监理资料的整编及水利工程竣工验收文件的资料整编。

　　本书可作为水利水电工程建筑专业、专业岗位群的教材或参考书，也可供施工一线施工技术人员学习与参考。

图书在版编目（ＣＩＰ）数据

　　水利工程施工资料整编 ／ 《水利工程施工资料整编》课程建设团队主编. -- 北京 ： 中国水利水电出版社，2010.8(2021.8重印)
　　"国家示范性高等职业院校建设计划项目"中央财政支持重点建设专业、杨凌职业技术学院水利水电建筑工程专业课程改革系列教材
　　ISBN 978-7-5084-7804-3

　　Ⅰ．①水… Ⅱ．①水… Ⅲ．①水利工程－工程施工－资料－汇编 Ⅳ．①TV51

　　中国版本图书馆CIP数据核字(2010)第166957号

书　名	"国家示范性高等职业院校建设计划项目"中央财政支持重点建设专业 杨凌职业技术学院水利水电建筑工程专业课程改革系列教材 **水利工程施工资料整编**
作　者	《水利工程施工资料整编》课程建设团队　主编
出版发行	中国水利水电出版社 (北京市海淀区玉渊潭南路 1 号 D 座　100038) 网址：www. waterpub. com. cn E - mail：sales@waterpub. com. cn 电话：(010) 68367658 (营销中心)
经　售	北京科水图书销售中心 (零售) 电话：(010) 88383994、63202643、68545874 全国各地新华书店和相关出版物销售网点
排　版	中国水利水电出版社微机排版中心
印　刷	北京瑞斯通印务发展有限公司
规　格	184mm×260mm　16 开本　10.5 印张　249 千字
版　次	2010 年 8 月第 1 版　2021 年 8 月第 6 次印刷
印　数	12001—15000 册
定　价	**39.00 元**

2006 年 11 月，教育部、财政部联合启动了"国家示范性高等职业院校建设计划项目"，杨凌职业技术学院是国家首批批准立项建设的 28 所国家示范性高等职业院校之一。在示范院校建设过程中，学院坚持以人为本、以服务为宗旨，以就业为导向，紧密围绕行业和地方经济发展的实际需求，致力于积极探索和构建行业、企业和学院共同参与的高职教育运行机制，在此基础上，以"工学结合"的人才培养模式创新为改革的切入点，推动专业建设，引导课程改革。

课程改革是专业教学改革的主要落脚点，课程体系和教学内容的改革是教学改革的重点和难点，教材是实施人才培养方案的有效载体，也是专业建设和课程改革成果的具体体现。在课程建设与改革中，我们坚持以职业岗位（群）核心能力（典型工作任务）为基础，以课程教学内容和教学方法改革为切入点，坚持将行业标准和职业岗位要求融入到课程教学之中，使课程教学内容与职业岗位能力融通、与生产实际融通、与行业标准融通、与职业资格证书融通，同时，强化课程教学内容的系统化设计，协调基础知识培养与实践动手能力培养的关系，增强学生的可持续发展能力。

通过示范院校建设与实践，我院重点建设专业初步形成了"工学结合"特色较为明显的人才培养模式和较为科学合理的课程体系，制订了课程标准，进行了课程总体教学设计和单元教学设计，并在教学中予以实施，收到了良好的效果。为了进一步巩固扩大教学改革成果，发挥示范、辐射、带动作用，我们在课程实施的基础上，组织由专业课教师及合作企业的专业技术人员组成的课程改革团队编写了这套工学结合特色教材。本套教材突出体现了以下几个特点：一是在整体内容构架上，以实际工作任务为引领，以项目为基础，以实际工作流程为依据，打破了传统的学科知识体系，形成了特色鲜明的项目化教材内容体系；二是按照有关行业标准、国家职业资格证书要求以及毕业生面向职业岗位的具体要求编排教学内容，充分体现教材内容与生产实际相融通，与岗位技术标准相对接，增强了实用性；三是以技术应用能力（操作技能）为核心，以基本理论知识为支撑，以拓展性知识为延伸，将理论知识学习与能力培养置于实际情景之中，突出工作过程技术能力的培养和经验性知识的积累。

本套特色教材的出版，既是我院国家示范性高等职业院校建设成果的集中反映，也是带动高等职业院校课程改革、发挥示范辐射带动作用的有效途径。我们希望本套教材能对我院人才培养质量的提高发挥积极作用，同时，为相关兄弟院校提供良好借鉴。

杨凌职业技术学院院长：

2010 年 2 月 5 日于杨凌

前　言

水利水电建筑工程专业是杨凌职业技术学院"国家示范性高等职业院校建设计划项目"中央财政重点支持的 4 个专业之一，项目编号为 062302。按照子项目建设方案，在广泛调研的基础上，与行业企业专家共同研讨，在原国家教改试点成果的基础上不断创新，总结出"合格＋特长"的人才培养模式，以水利水电工程建设一线的主要技术岗位核心能力为主线，兼顾学生职业迁移和可持续发展的需要，构建工学结合的课程体系，优化课程内容，进行专业平台课与优质专业核心课的建设。经过 3 年的探索与实践取得了一系列的成果，2009 年 9 月 23 日顺利通过省级验收。为了固化示范建设成果，进一步将其应用到教学之中，实现最终让学生受益，在同类院校中形成示范与辐射作用，经学院专门会议审核，决定正式出版系列课程教材，包括优质专业核心课程、工学结合一般课程等，共计 16 部。

近年来，随着工程建设规范化管理的推进，工程资料整编已成为工程建设过程中一项重要的工作内容，工程资料的准确性与完整性被作为评判工程合格的一个重要指标内容。所以具备资料整编能力是实际工作的需要，对于水工专业把资料整编作为能力目标之一，自然也是十分必要的。在水利水电工程施工资料整编课程的建设中，遵循实用实效的基本要求，按照完成工作任务的类型，构建任务驱动的工学结合教材内容。全书以水利水电工程建筑专业及其专业岗位群的培养目标和我国现行工程资料验收规范为依据进行编写，在具体内容中以工作任务的完成为目标，以完成工作任务的过程为主线，选择基本理论知识和能直接形成实践能力的实用知识内容。

本书模块 1、模块 2 由卜贵贤编写，模块 3 由赵旭升编写，模块 4 由法天祥（企业专家，陕西省宝鸡峡引渭灌溉管理局）编写，全书由郗举科（企业专家，中国水利水电集团第七工程局有限公司）主审。

在本教材的编写过程中得到了有关企业工程技术人员的鼎力协助，同时水利系主任拜存有副教授也给予大力支持，并提出了建设性意见。在此，对本书编写给予支持和所引用到的文献资料的作者一并表示致谢。由于水平有限，难免存在不足，恳请读者与同行专家提出批评指导。

编者
2010 年 7 月

模块 1　工程档案的基本认识

任务 1.1　水利工程建设项目档案的来源认识

学习目标

知识目标：能说出工程档案、工程文件、工程资料等的概念与区别。

能力目标：能正确区分各种工程文件的来源。

工程档案是由大量的建设工程文件经科学整理而成。正确认识和理解水利工程档案的定义、特点和作用，对正确认识工程文件的形成，指导工程文件的收集、整理、归档很有意义，这对于提高人们的档案意识，加强工程建设的管理具有十分重要的意义。

1.1.1　工程档案定义

工程项目在建设过程中，从筹划立项直至竣工并投入使用的全过程中将直接形成大量的工程文件，包括文字、图表、声像、模型、实物等各种形式的记录，按档案的整编原则进行整理、编目、立卷后便形成建设工程档案，作为本建设项目的历史记录。概括起来，建设工程档案的定义可以简述为：建设工程档案是在工程建设活动中直接形成的，具有归档保存价值的文字、图表、声像等各种形式的历史记录，简称工程档案。工程档案源于建设工程文件。建设工程文件是在工程建设过程中形成的各种形式的信息记录，包括工程准备阶段文件、监理文件、施工文件、竣工图和竣工验收文件5个部分，统称工程文件。

工程文件包含的5个部分文件内容具体定义为：工程准备阶段文件，即工程开工以前，在建设项目立项、审批、征地、勘察、设计、招投标等工程准备阶段形成的文件；监理文件，即监理单位在工程勘察、设计、施工等监理过程中形成的文件；施工文件，即施工单位在工程施工过程中形成的文件；竣工验收文件，即建设工程竣工验收活动中形成的文件，一般由建设单位收集、整理而成；竣工图，即工程竣工验收后，真实反映建设工程施工结果的图样。

1.1.2　工程档案定义的内涵

工程档案定义全面概括了建设工程建设过程中形成的工程文件的全部内容和信息资料，符合档案定义的规则。工程档案定义的内涵可以从以下几个方面进行理解。

1.1.2.1　工程档案是在工程建设活动中直接形成的

建设工程都是由工程建设各有关管理单位、参与工程建设单位等努力下完成的，是共同劳动的结晶。直接参与工程建设的单位，包括国家机关、社会团体、企事业单位及个人，他们都是工程文件的形成者、收集者和工程档案的整编人员，是他们将工程建设有关的重要活动、工程建设的主要过程和工程建设的现状做如实的记载和整理。

1. 记录工程建设有关活动

工程档案是工程建设活动的记录。工程建设活动包括：①立项研究、调查研究、科学研究等研究活动；工程会议、开工仪式、竣工验收等会议活动；②规划审批、图纸审查、验收备案等审查活动；③工程设计、工程施工、工程监理等实践活动。这些研究活动、会议活动、审查活动、实践活动均要形成大量的工程文件，这些文件都是工程建设活动的真实记录。

2. 记录工程建设主要过程

工程建设应按照基本建设程序进行。根据建设内容和性质可将建设工程的建设过程划分成若干个阶段，在每一个阶段中形成本阶段应当产生的文件，尤其是那些具有依据性、凭证性作用的重要文件更要十分关注。因此，对于工程文件的形成者、收集者和工程档案的整理、编制者都要对每个阶段形成哪些工程文件做到心中有数，使编制的工程档案能够准确反映工程建设的主要过程。

3. 记录工程建设现状

工程档案要实事求是地记载工程现状。建设工程形成的工程文件是工程建设现状的真实记录，尤其是隐蔽工程检查记录、工程事故的处理记录等施工后再也看不到的原始状态的记录，应详加记载，能在竣工图上反映的应及时对竣工图进行修改和补充。记录工程建设现状的原始工程文件更能准确反映工程建设真实状态。

1.1.2.2　工程档案是具有归档保存价值的

建设工程在建设过程中产生的大量工程文件，经整理组卷后形成工程档案。这些工程档案具有十分重要的保存价值。

1. 工程档案应保存有价值的文件

工程建设产生的工程文件可根据对本工程所具有的凭证价值、依据价值、参考价值等进行分析，凡是有保存价值的均应整理、归档。在工程建设过程中应对工程文件的价值进行初步鉴定，确定其保存年限，对有保存价值的工程文件组卷后妥善保管。

2. 工程档案应反映工程建设的全过程

工程档案包括建设单位、监理单位、施工单位、设计单位、勘察单位等在工程建设过程中产生的文件，也包括建设单位委托给其他单位产生与本工程有关的文件，这些工程文件分别归纳在工程准备阶段文件、监理文件、施工文件、竣工验收文件及竣工图中。这些工程文件和竣工图一样都不能少（如工程无监理，监理文件除外）。

3. 工程档案的记录载体和形式是多样的

在工程档案的定义中对工程档案的记录形式是用文字、图表、声像等各种形式来表述的，其意思是构成工程档案有各种记录形式：一种是文字、图纸等纸质载体；一种是微缩品工程档案，记录介质为胶片载体；还有一种是电子工程档案，以磁盘、光盘为记录载体。除此之外，工程档案中尚有由木质材料、金属材料、塑料材料等制作的模型及实物，这也是工程档案中不可缺少的记录形式，这充分反映了工程档案的记录形式是多种多样的，难以用某一种载体来概括，用各种记录形式表述更为确切。

4. 工程档案是历史记录

无论历史遗留下来的已建工程的工程档案，还是正在形成的在建工程的工程档案，都是历史记录。从价值来讲，不但具有现实的实用价值，而且具有长久的历史价值。工程档案记载着城市现状，是城市发展的标志；工程档案记录着城市建设的兴衰，是城市发展的见证；工程档案记录着城市建设文化。因此，工程档案是历史的记录。

1.1.2.3　工程档案与工程文件

工程文件是工程档案的源泉，工程档案是工程文件的归宿，它们互为依存。深入了解和研究二者之间的关系是正确理解工程档案概念的一个重要方面。

1. 工程档案与施工文件

有人认为工程档案就是施工文件，将工程施工时产生的文件进行收集、整理、立卷后归档，就完成了工程档案的编制及移交工作，其实这是一种误解。

施工文件是工程档案中的一种文件，是施工单位形成和负责汇集整理的，是构成档案的重要组成部分。但它仅仅为建设工程施工阶段的一种文件，不是工程建设过程中的全部文件。建设项目的建设是一个过程，这一过程中所产生的文件都与建设工程直接相关，是一个不能任意分割的整体。无论是请示批复文件，还是各种依据文件、技术文件，以及其他相关文件，完整的工程档案应当包括工程形成的全部文件。

2. 工程档案与竣工图

这里有两个问题需要澄清：①竣工图与施工图的关系，竣工图是工程竣工后形成的图纸，施工图是施工时使用的图纸，二者虽然联系紧密，施工图可作为编绘竣工图的重要参考，但它们是工程建设不同阶段的图纸，一个是竣工阶段的图纸，另一个是施工阶段的图纸，二者任务不同，其担负的责任也不相同，绝不能混为一谈；②竣工图与工程档案的关系，竣工图是工程档案的重要组成部分，只有完整的竣工图才能满足利用者对工程档案的使用要求。

3. 工程档案与工程文件

工程文件包括建设单位形成并负责收集、整理的工程准备阶段文件和工程竣工验收文件，监理单位产生并负责收集、整理的监理文件，施工单位形成并负责收集、整理的施工文件和编绘的竣工图。工程准备阶段文件、监理文件、施工文件、竣工验收文件、竣工图是工程文件的全部，也是工程档案应包含的内容。这里应当注意到：形成的工程文件有无归档保存价值，对有保存价值的要根据其重要性进行保管期限的划分，那种将全部工程文件整理立卷后长期保存就是完整、准确、系统的工程档案的想法也是不正确的，只有经过认真鉴定，对有保存价值的工程文件按要求进行整理、立卷，才是合格的工程档案。

1.1.3　工程档案的特点

工程档案的特殊性可从工程档案形成为出发点，结合收集、整理、编制工作中遇到的问题进行总结，综合归纳为技术的综合性、形成领域的广泛性、成果的成套性、内容的专业性、记录形式的多样性、利用的时效性、管理的动态性、建设周期长等 8 个方面的特点。

1.1.3.1　技术的综合性

一项建设工程与其他建设工程具有相互关联、相互依存、相互制约性。首先，每一项建设工程都与城市规划或流域规划相关，是总体规划的体现，是详细规划的具体落实；其次，城市市政、公用设施建设是为城市建设提供生产、生活设施，为城市的生产、生活服务，市政公用工程建设与建筑工程建设相互依托；第三，建筑安装工程之间建设也是配套的，为相互的生产、生活提供方便；第四，建设工程与周围环境应当协调一致，创造一个和谐的生态环境，为人们生产和生活创造良好的外部环境。所以，在工程建设时应当考虑、了解建设工程之间这种综合性的现实。

就建设项目自身而言，其建设技术也是综合性的。工程建设过程中进行的每一项工作都是技术性很强的工作，如工程设计、工程施工、工程监理是技术性很强的工作，工程立项、工程审批、竣工验收也是技术性很强的工作；工程建设中涉及的专业多，除与工程建设有关的专业外，还涉及很多专门业务，每一专业的内容都十分丰富；同时工程文件认定工作也很复杂。因此，建设项目工程文件的收集和整理也是一项技术性很强的综合性工作。

1.1.3.2 形成领域的广泛性

工程档案形成领域的广泛性是指专业的广泛性、建设单位的广泛性和形成文件部门的广泛性。

建设项目工程档案涉及的专业领域是非常广泛的，虽然不同的建设工程文件材料的性质、涉及的专业不尽相同，但产生的工程文件专业面特别广，涉及如规划方面、计划方面、经济方面、财政方面、环保方面、建设方面等专门文件，土建、电气、给排水、供热、供气、智能建筑等专业文件，以及对工程实施监督、检查形成的监督、检查专项文件，这些文件均是工程档案的重要组成部分。

工程项目建设涉及千家万户。既有大型的重点工程，也有建筑面积很小的小型建筑；既有新建的建设工程，又有改建、扩建、装修、改造工程；既有国家投资的工程项目，也有外资、个人投资的工程项目，从事工程建设的建设单位很广泛。

对于一个建设项目工程文件形成单位来说，除本建设工程的直接参与者：建设单位、施工单位、监理单位、设计单位、勘察单位等以外，还有城建部门的有关单位，如城市规划、建设、管理部门和质量、监督、检查等单位。除此之外，工程文件形成单位还有计划管理部门、财政管理部门、土地管理部门、环保部门、人防部门等行使政府职能的有关部门，在自己职权范围内对建设项目的立项、建设方案、资金筹集等进行决策、审批、提出意见和建议。由此可见，建设项目工程文件的形成涉及的部门众多是客观存在。

1.1.3.3 成果的成套性

建设项目的建设是一个完整的基本建设过程，是分阶段实施和完成的，基本建设程序每个阶段都是紧密相连的，是不可分割的。例如，从建设工程的正式立项后才能实施工程设计，施工图纸审查通过才能组织施工，施工完成才能进行工程竣工验收等。建设项目每一阶段产生的工程文件都是工程建设活动的反映，是连续的、一环扣一环不能分开的，工程档案是其成套性的具体体现。

工程档案是建设工程技术成果的汇集，只有完整的工程档案才能保证技术成果的成套性。举一个例子，土地是工程建设的基础，有关土地文件是建设工程技术成果的一部分。土地的规划是城市规划的重要内容和先决条件，工程建设首要任务是办理建设工程用地规划许可证，符合城市规划的建设项目才能实施具体的规划、设计和建设；完成办理用地规划许可证后，建设单位申请办理土地的划拨，土地划拨要经县级以上人民政府的批准，办好拆迁安置等事项后，才由土地管理部门划拨土地；划拨建设用地范围内的所有建设工程全部竣工后，才能办理国有土地使用证。有关土地的文件从规划、划拨到发证是成套的，而它仅是工程档案成套成果很少的一部分。

目前，有个别人认为工程文件中应把那些属于文书档案的文件从工程档案中分离出去，这是一种违背科技档案成套性基本原则的误解。因为工程档案中的请示批复、审查验收等文件都是建设工程技术成果的一部分，如没有建设工程立项文件的审查和批示，哪来的建设项目，它们是工程建设成果的源头；没有规划审批、建设审批文件，哪来的工程设计和施工，它们是工程设计、工程施工成果的依据。因此，在工程建设中所谓的文书档案，应当是城建科技文件的一部分，建设工程在基本建设活动中产生的全部工程文件是联系紧密，互为依存，不能割裂的系列文件。

1.1.3.4　内容的专业性

工程档案主要是由工程建设各专业文件构成。例如，立项文件，它是建设项目立项的依据；土地、勘察、测绘文件，它是设计工作的基础材料；设计文件，它是实现立项要求、工程施工的依据；施工、监理文件，它是立项决策的具体落实；竣工验收文件，它是建设成果的认定。再如，建筑安装工程可分为土建、电气、给排水、智能建筑等专业文件。因此，建设过程中产生的各种工程文件的内容属于城建专业性质，它们按照专业特点和自身固有的规律又紧密地联系在一起。

一个建设项目产生的文件涉及人文、地理、经济、政治、文化等各个领域，这些文件都与建设项目直接或间接相关，应归入建设过程各阶段各专业文件中。例如，文化，文化内涵能够影响建筑风格，体现出建筑文化，应融于建筑设计中；地理，由于地理环境因素，应考虑到对建设工程地质、环保、环境等的影响，应融于工程结构、设施等专业设计、施工中。

1.1.3.5　记录形式的多样性

工程档案记录形式的多样性主要表现在纸质载体和记录形式的多样。

构成工程档案纸质载体是文件、图纸两种。文件材料的形式有抄写件、复写件、复印件、传真件、计算机打印件等，图纸有底图、蓝图、复印图、计算机打印图等。

摄像、录音、录像材料在工程建设中广泛用作形象记录，在工程档案中占有一定比例，常遇到的有摄像的黑白或彩色胶片、相片和磁盘、光盘，录音的磁带、磁盘、光盘，录像的磁带、磁盘、光盘等。另外，以胶片为记录介质的缩微品工程档案，以磁盘、光盘为记录介质的电子工程档案已被采用，成为工程档案重要储存方式。

建设工程一般在规划设计和施工图设计时，工程建成后制作模型进行展示，有些大型、特殊工程的设计竞赛，设计投招标方案等也做成模型参加竞标。有些工程部件、饰物等实物也有保存价值。凡有价值的模型、实物等记录形式也是工程档案的一部分。

1.1.3.6　利用的时效性

工程档案利用的时效性可以从两个方面考虑，一为形成后随时为建设工程服务，二为服务期限应与建（构）筑物同在。

建设工程竣工验收后便投入使用，工程档案便立即成为工程使用、维护的依据，时效性非常强。所以，《中华人民共和国城市规划法》中强调工程竣工验收后 6 个月内必须编制完成工程档案，并向有关城建档案保管单位移交，为满足利用时效性在法律上给予了保障，否则会对工程的安全带来难以预料的影响。例如，某电信管线工程竣工投入使用后，在其位置附近要增设一条电力管线，为了不影响电信管线工程质量和使用要求，电信管线工程档案应是电力管线线路设计的重要参考依据。

建设工程竣工后，直至工程废弃（或拆除）的整个使用期间内，工程档案终身为其服务，所以，在确定工程档案保管期限时定为长期，即与建筑物同在。建设工程拆除或废弃后，工程档案基本失去了保存价值，一般不必保存。但对个别具有建筑艺术特色、具有纪念意义、具有恢复建设价值的建设项目工程档案，可以作为遗产保留下来，以备后人参考、查阅或重建时使用。

1.1.3.7　管理的动态性

城市建设是动态的，城市建设管理也是动态的，城建工程档案的形成和废除也应当是动态的，要实现动态管理，首要的是在建设工程存在时工程档案应保存完好。

1.1.3.8　建设周期长

建设周期的长短是与建设项目规模的大小、工程性质、建设技术复杂程度、资金到位和具备的建设条件直接相关，一般讲来，中型以下工程1～2年，大型工程需几年到十几年，而有些特殊大型技术复杂的工程甚至要几十年。周期长是建设工程项目普遍存在的现象，这给工程文件收集工作带来了非常大的困难。工程档案的收集、整理、编制工作要针对建设周期长这一特点采取相应的措施。

1.1.4　工程档案的作用

工程档案是工程建设的重要科技成果，在城市规划、建设、管理中发挥依据、凭证等作用，具有十分重要的现实意义。

工程档案是科技成果，它与建设工程实体具有同等的重要性和实用价值。

1.1.4.1　工程档案的重要性

工程档案的重要性是指它的原始性和真实性。

原始性是指工程文件的原始性。工程建设形成的文件是建设者们在工程建设活动中直接形成的原始记录，经收集、整理、立卷后组成工程档案，并移交给保管单位的，是最具权威和法律效力的。

真实性是指在编制工程档案时，对产生的工程文件进行鉴别。工程文件的鉴别工作，首先认定是不是原始记录，其次确定是不是具有保存价值，然后对具有保存价值的文件确定其保管期限，最后，把那些具有保存价值的文件，尤其是具有永久和长期保存价值的文件编制成工程档案长期保存。

因此，工程档案是建设项目技术文件的汇集和总结，也是真实反映工程建设全过程唯一的依据性技术成果。

1.1.4.2　工程档案的实用价值

工程档案的实用价值表现在工程档案来源于工程建设实际，又直接服务于工程建设实际。建（构）筑物是供人们生产、生活使用的实体，工程档案是保证建（构）筑物正常运转的技术保障。

1.1.5　建设工程应用资料

建设工程应用资料与建设工程档案有着明显的区别，两者的含义不同，但两者又有着密切的联系，有着互为补充和互相转化的关系。从建设工程规划、设计、施工到竣工后的维护管理及扩建改建，如果没有建设工程档案作依据，固然无法进行；但如果缺乏必要的资料作参考，同样难以达到预期的工作效果。因此，建设部 2001 年发布的《城市建设档案管理规定》（修正）第五条，在"城建档案馆重点管理的范围"一款中，就把城建基础资料的管理列入重点管理的范围。也就是说，对建设工程资料的管理同样是不可忽视的。

1.1.5.1　建设工程应用资料的特点

所谓建设工程应用资料，是指在建设工程的规划、设计、施工、管理以及科学研究过程中，凡是为了参考、借鉴的目的而收集保管的文件材料、科研成果和反映本市（地）区历史、自然、经济等方面的基础资料，建设工程资料的特点如下：

（1）它不是工程规划、设计、施工、管理、科学研究等单位直接形成的，不反映新建工程的具体情况，对工程建设不起凭证作用。

（2）它是为了规划、设计、施工、管理、科学研究等工作的需要而收集起来的。收集的渠道主要是通过交流、购买、赠送等。

（3）它与建设工程档案存在着相辅相成、互相转化的关系。建设工程应用资料一般都是由档案转化过来的，或者说，是由档案这一原生信息转化成的第二次信息。甲单位的档案复制品到了乙单位即成了资料。乙单位收集到的资料一旦被吸收或采用即又转化成了乙单位的档案，如设备档案就是一例。

1.1.5.2　建设工程应用资料的范围

建设工程资料的范围很广，主要包括城市规划、工程设计、施工、管理、科学研究等方面所需要参考的档案复制品、内部文件、国内外情报信息资料和科技图书等。

从内容上看，建设工程资料包括 4 个方面：

（1）历史资料。即本城市或本地区的史志、年鉴、历史沿革、历史文化遗迹、地名、建筑工程及有关设施发展史等。

（2）自然资料。即地形地貌、水文、气象、地质、地震、土壤、植被、自然资源、矿藏、自然环境等资料。

（3）人文经济资料。即本城市或地区经济、人口、文化、教育、卫生、科研、工矿、企业、农业、水利、交通、商贸等历史与现状资料。

（4）法规与标准资料。即有关工程建设的法律、法规、规范、标准及方针政策、计划、统计资料和专业著作等。

从来源上看，建设工程资料包括以下几类：

（1）档案复制品。包括各有关单位已经归档的档案和正在形成过程的技术文件材料，凡不属本馆（室）接收范围，根据专业工作的特殊需要，经过一定的批准手续，可索取复印件或手抄件，供以后研究使用。

（2）内部资料。即根据档案、资料、图书、情报等各种材料综合汇集而成，用于满足某种专业的需要，有一定的机密性或专利权，只能在一定范围内使用，不宜公开出版。

（3）国内外情报资料。即通过建设主管部门交流、购买等途径收集的国内外各种建设工程技术动态资料，包括报刊、书籍。

（4）科技图书资料。即通过购买、交流、赠送等途径收集的各建设专业单位编辑、出版的各种专业图书、画册、汇编、简报、杂志以及其他社会组织公开出版的相关科技图书资料。

1.1.6 工程资料

1.1.6.1 工程资料的基本概念

工程资料也是工程建设从项目的提出、筹备、勘测、设计、施工到竣工投产等过程中形成的文件材料、图纸、图表、计算材料、声像材料等各种形式的信息总和，简称为工程资料。主要包括工程准备阶段资料、监理资料、施工资料和竣工验收资料等。工程资料，是建设工程合法身份与合格质量的证明文件，是工程竣工交付使用的必备文件，也是对工程进行检查、验收、维修、改建和扩建的原始依据。在我国，国家立法和验收标准都对工程资料提出了明确的要求，《中华人民共和国建筑法》、《建设工程质量管理条例》等法律法规、GB 50300—2001《建筑工程施工质量验收统一标准》、GB/T 50328—2001《建设工程文件归档整理规范》等标准，均把工程资料放在重要的位置。正如工程实体建设是参与建设各方的共同责任一样，工程资料的形成也同样是参与建设各方的共同责任。工程资料不仅由施工单位提供，参与工程建设的建设、勘测、设计单位，承担监理任务的监理或咨询等单位，都负有收集、整理、签署、核查工程资料的责任。为了保证工程的安全和使用功能，必须重视工程资料的真实性、可靠性。因此，应当规范工程资料的管理，将工程资料视为工程质量验收的重要依据，甚至是工程质量的组成部分。

1.1.6.2 工程资料的主要内容

（1）工程准备阶段资料。是指工程在立项、审批、征地、勘察、设计、招投标、开工审批及工程概预算等工程准备阶段形成的资料，由建设单位提供。

（2）监理资料。是指监理单位在工程设计、施工等监理过程中形成的资料，主要包括监理管理资料、监理工作记录、竣工验收资料和其他资料等。监理资料由监理单位负责完成，工程竣工后，监理单位应按规定将监理资料移交给建设单位。

（3）施工资料。是指施工单位在工程具体施工过程中形成的资料，应由施工单位负责形成。主要包括单位工程整体管理与验收资料、施工管理资料、施工技术资料、施工测量记录、施工物资资料、施工记录、施工试验记录、施工质量验收记录等。工程竣工后，施工单位应按规定将施工资料移交给建设单位。

（4）竣工验收资料。是指在工程项目竣工验收活动中形成的资料，包括工程验收总结、竣工验收记录、财务文件和声像、缩微、电子档案等。

1.1.6.3 工程资料形成各主体单位的职责

1. 监理单位职责

（1）应负责监理资料的管理工作，并设专人对监理资料进行收集、整理和归档。

（2）应按照合同约定，在勘察、设计阶段，对勘察、设计文件的形成、积累、组卷和归档进行监督、检查；在施工阶段，应对施工资料的形成、积累、组卷和归档进行监督、检查，使施工资料的完整性、准确性符合有关规定。

（3）对须由监理单位出具或签认的工程资料，应及时进行签署。

（4）列入城建档案馆接收范围的监理资料，监理单位应在工程竣工验收后两个月内移交建设单位。

2.施工单位职责

（1）应负责施工资料的管理工作，实行技术负责人负责制，逐级建立、健全施工资料管理岗位责任制。

（2）应负责汇总各分包单位编制的施工资料，分包单位应负责其分包范围内施工资料的收集和整理，并对施工资料的真实性、完整性和有效性负责。

（3）应在工程竣工验收前，将工程的施工资料整理、汇总完成。

（4）应负责编制施工资料，一般不少于两套。一套自行保存，另一套移交建设单位。

3.档案馆对工程资料的管理职责

城建档案馆是长期保存工程资料的专业机构。它不属于参与工程建设的一方主体，但是担负对于工程资料重要的管理职责，具体如下。

（1）应负责接收、收集、保管和利用城建档案的日常管理工作。

（2）应负责对城建档案的编制、整理、归档工作进行监督、检查、指导，对国家重点、大型工程项目的工程档案编制、整理、归档工作应指派专业人员进行指导。

（3）在工程竣工验收前，应对列入城建档案馆接收范围的工程档案进行预验收，并出具《建设工程竣工档案预验收意见》。

任务1.2　水利工程资料员的职责认识

学习目标

知识目标：能说出资料员的工作内容。

能力目标：具有资料员的工作态度与责任。

水利工程资料员担负对于工程资料重要的管理职责，具体如下。

（1）应负责接收、收集、保管和利用城建档案的日常管理工作。

（2）应负责对城建档案的编制、整理、归档工作进行监督、检查、指导，对国家重点、大型工程项目的工程档案编制、整理、归档工作，应指派专业人员进行指导。

（3）在工程竣工验收前，应对列入城建档案馆接收范围的工程档案进行预验收，并出具《建设工程竣工档案预验收意见》。

1.2.1　资料员的基本要求

资料员是施工企业5大员（施工技术员、质量员、安全员、材料员、资料员）之一。一个建设工程的质量具体反映在建筑物的实体质量，即所谓硬件；此外是该项工程技术资料质量，即所谓软件。工程资料的形成，主要靠资料员的收集、整理、编制成册，因此资料员在施工过程中担负着十分重要的责任。

要当好资料员除了要有认真、负责的工作态度外，还必须了解建设工程项目的工程概况，熟悉本工程的施工图、施工基础知识、施工技术规范、施工质量验收规范、建筑材料的技术性能、质量要求及使用方法，有关政策、法规和地方性法规、条文等；要了解掌握施工管理的全过程，了解掌握每项资料在什么时候产生。

1.2.2 资料员的工作职责

1．熟练掌握档案资料工作的有关业务知识

（1）熟练掌握国家、地区、上级单位有关档案、资料管理的法规、条例、规定等。

（2）资料的收集、整理、归档。

（3）报送建设单位归档资料。

（4）施工单位归档资料。

（5）报送城建档案室归档资料。

2．资料收集过程中应遵守的 3 项原则

（1）参与的原则。工程资料管理必须纳入项目管理的程序中，资料员应参加生产协调会、项目管理人员工作会等，及时掌握施工管理信息，便于对资料的管理监控。

（2）同步的原则。工程资料的收集必须与实际施工进度同步。

（3）否定的原则。对分包单位必须提供的施工技术资料应严格把关，对所提供的资料不符合规定要求的不予结算工程款。

3．资料的保管

（1）分类整理。按质量验收记录、工程质量控制资料核查记录、施工技术管理资料、工程安全功能检验资料核查和主要功能检查资料等划分，同类资料按产生时间的先后排列。

（2）固定存放。根据实际条件，配备必要的箱柜存放资料，并注意做到防火、防蛀、防霉。

（3）借阅有手续。资料的借阅必须建立一定的借阅制度，并按制度办理借阅手续。

（4）按规定移交、归档。项目通过竣工验收后，按时移交给公司、建设单位和城建档案部门。

1.2.3 资料员的工作内容

资料员的工作内容按不同阶段划分，可分为施工前期阶段、施工阶段、竣工验收阶段。

1．施工前期阶段

（1）熟悉建设项目的有关资料和施工图。

（2）协助编制施工技术组织设计（施工技术方案），并填写施工组织设计（方案）报审表给现场监理机构要求审批。

（3）报开工报告，填报工程开工报审表，填写开工通知单。

（4）协助编制各工种的技术交底材料。

（5）协助制定各种规章制度。

2．施工阶段

（1）及时搜集整理进场的工程材料、构配件、成品、半成品和设备的质量保证资料（出厂质量证明书、生产许可证、准用证、交易证），填报工程材料、构配件、设备报审表，由监理工程师审批。

（2）与施工进度同步，做好隐蔽工程验收记录及检验批质量验收记录的报审工作。

（3）及时整理施工试验记录和测试记录。

（4）阶段性的协助整理施工日记。

3．竣工验收阶段

（1）工程竣工资料的组卷包括以下几个方面。

1）单位（子单位）工程质量验收资料。

2）单位（子单位）工程质量控制资料核查记录。

3）单位（子单位）工程安全与功能检验资料核查及主要功能抽查资料。

4）单位（子单位）工程施工技术管理资料。

（2）归档资料（提交城建档案馆）包括以下几个方面。

1）施工技术准备文件，包括图纸会审记录、控制网设置资料、工程定位测量资料、基槽开挖线测量资料。

2）工程图纸变更记录，包括设计会议会审记录、设计变更记录、工程洽谈记录等。

3）地基处理记录，包括地基钎探记录和钎探平面布置点、验槽记录和地基处理记录、桩基施工记录及试桩记录等。

4）施工材料预制构件质量证明文件及复试试验报告。

5）施工试验记录，包括土壤试验记录、砂浆混凝土抗压强度试验报告、商品混凝土出厂合格证和复试报告及钢筋接头焊接报告等。

6）施工记录，包括工程定位测量记录、沉降观测记录、现场施工预应力记录、工程竣工测量、新型建筑材料及施工新技术等。

7）隐蔽工程检查记录，包括基础与主体结构钢筋工程、钢结构工程、防水工程及高程测量记录等。

8）工程质量事故处理记录。

思 考 题

1. 什么是工程档案？

2. 如何正确理解工程档案？

3. 工程档案与工程文件有何关系？

4. 正确理解工程档案的内涵有何意义？

5. 工程档案有何作用？

6. 什么是工程资料？工程资料包括哪些主要内容？

7. 资料员的工作有哪些？如何才能做好资料工作？

模块 2　工程施工文件的资料整编

任务 2.1　水利工程施工文件的形成与收集

学习目标

知识目标：能说出水利工程各类施工文件的形成来源、形成方法和要求；能说出工程施工文件收集的途径和方式。

能力目标：能从各个部门按规定有效地收集工程文件。

2.1.1　工程文件的形成

施工文件是在建设工程施工过程中形成的施工管理、施工技术等文件。这些文件主要是由承包施工任务的施工单位形成的，也有部分文件是由有关单位（如建设材料供应商）移交过来的和委托其他单位形成的，根据形成的文件性质又可分为施工管理文件、施工技术文件、施工物质文件、设计变更文件、施工试验记录、施工记录、检查记录、测量记录、功能试验记录和施工验收记录等。建设工程项目施工要按施工管理程序组织实施，施工时要加强施工管理，严把工程质量关，各参建单位应做好施工过程中的各种记录，形成规范的施工文件。保证施工文件的真实可靠，全面反映施工过程，这是工程施工文件的形成者必须承担的职责和应尽的义务。

2.1.1.1　施工管理文件的形成

施工管理文件是指建设工程施工过程中由施工承包单位形成的管理类的文件，包括工程概况表、项目大事记、施工日志、工程质量事故处理记录。

1．工程概况表

工程概况表是施工单位对承包的建设工程项目的基本情况和主要技术指标的概要描述而设计的制式表格。工程概况表的基本内容如下：

（1）建筑安装工程。

1）一般情况：工程名称、建设性质、建设地点，建设、设计、监理、施工等单位及负责人，开竣工日期、建筑面积、结构类型、建设高度、层数、工程造价、人防等级、抗震等级等。

2）构造特征：地基与基础、梁、板、柱、内外墙、地面、屋面、内外墙装饰、门窗、防火设施等。

3）机电系统简要描述。

4）其他：工程关键部位的技术要求，主管行政机关和负责人对本工程的重要指示、对施工提出的要求等。

（2）市政公用基础设施工程。

1）一般情况：工程名称、建设地点、工程造价、开竣工日期，建设、勘察、设计、施工、监理等单位名称及负责人，建设工程规划、施工许可证号、监管注册号等。

　　2）工程内容。

　　3）结构类型。

　　4）主要工程量及施工工艺。

　　5）其他。

　　2. 项目大事记

　　项目大事记是施工单位在建设工程施工过程中所发生的对施工有影响和对工程质量、安全等有关键意义的大事整理形成的记录。记录的大事事项有工程项目的开工、竣工，停工、复工，中间验收，质量、安全事故，获得的荣誉，重要会议，分包工程招投标及合同的签订，上级领导的检查和重要指示等。项目大事的纪事采用按时间先后排序，记录内容为时间（年、月、日）和发生事项、具体内容（纪事要具体、重点明确、语言简单精练），由施工承包单位专人记录、负责人签署。

　　3. 施工日志

　　施工日志是施工单位指派专人负责记录，以单位工程为对象，记录时间从施工开始直至工程竣工，记录方式按日记载，记录过程保持连续和完整。施工日志的基本内容如下：

　　（1）一般情况。时间（年、月、日、星期）及其当日白天、夜间的天气状况、风力、温度（最高/最低）和需要说明的问题。

　　（2）生产情况记录。施工生产调度状况，施工部位、内容、机械作业、作业班组，安全生产、文明施工、存在问题及处理情况等。

　　（3）工程质量安全工作记录。工程质量和安全措施、技术标准，工程质量和安全的检查、评比、验收，存在问题及采取的措施等。

　　4. 施工总结

　　施工总结是施工单位在建设工程施工完成或某一阶段完成，工程竣工验收前，就施工组织、施工技术、施工质量、施工经验和教训等方面做出的全面总结，可分阶段性、综合性、专题性总结。体现总结过去、面向未来、发展自我、再创辉煌。施工总结根据建设工程不同性质、不同规模应有所不同，一般包括以下内容：

　　（1）工程基本情况及特点。

　　1）工程基本情况和工程性质、特点。

　　2）施工任务完成情况。

　　3）技术档案和施工管理资料情况。

　　（2）施工管理。根据工程进展情况和施工难点等问题，进行工程项目质量、合同、成本和综合控制等方面的管理进行总结。

　　（3）技术方面。工程采用新技术、新产品、新工艺、新材料的总结，主要设备、工艺的调试情况总结。

　　（4）经验教训。总结施工经验，找出应吸取的教训，以及对本工程施工工作的体会。

　　（5）其他事项。甩项、遗留问题及处理意见等。

　　2.1.1.2　施工技术文件的形成

　　建设工程在施工过程中将产生各种能全面反映施工技术工作的有关文件，称为施工技术文件。施工技术文件包括施工技术交底、施工组织设计、施工方案等。

2.1.1.2.1　工程技术文件报审表

工程技术文件报审表是施工单位在工程动工前，根据合同约定和施工图纸的要求编制的施工组织设计、施工方案等施工技术文件，报审时填写的表格，由施工承包单位项目负责人签发，报监理单位进行审查。监理单位接到报审表后及时组织审查，并由总监理工程师签署审查意见和审定结论。工程技术文件报审表见监理文件。

2.1.1.2.2　技术交底记录

施工技术交底记录是建设单位（或设计单位）组织对施工组织设计、专项施工方案、分部分项工程施工方案、新技术使用等交底的记录。技术交底是由施工单位派人负责记录和整理，交底双方共同签证。技术交底记录内容为交底提要和交底内容，如施工组织设计施工技术交底记录的内容如下：

（1）施工组织设计提要（附施工组织设计）。

（2）施工技术要求。工艺要求、质量要求、规范要求等。

（3）施工方案。施工组织方案、施工进度计划、施工方案、施工质量保证措施、施工安全措施、施工现场布置等。

（4）注意问题。

2.1.1.2.3　施工组织设计及施工方案

编写施工组织设计及施工方案是施工前施工单位重要的技术工作。

1. 施工组织设计

施工组织设计是指导建设工程施工的重要技术文件，由施工单位在单位工程施工前编写的。编制施工组织设计是依据设计文件、施工图纸、施工条件、工程规模、人力和物力条件等进行，以求达到科学组织施工，建立正常的生产秩序，尽量采用先进的施工技术，合理地利用空间和时间，少花钱、少用人力，力求取得最佳的经济效益。

施工组织设计由以下内容组成：

1）工程概况和工程任务情况。

2）施工条件和外部条件。

3）施工方案和施工方法。

4）施工质量保证措施和安全、环保、节能措施，以及文明施工。

5）施工进度计划及施工计划网络图。

6）施工力量和安排，机械配备及部署。

7）施工现场总平面布置。

2. 施工方案

施工方案是施工组织设计的核心内容，是施工技术指导性文件。根据施工组织设计和施工进度计划，由施工单位编制的分部、分项工程和阶段、专项工程施工方案，是组织设计分部位、分阶段实施施工的计划安排。编制施工方案要具体并结合实际，具有可操作性。施工方案主要内容有：工程任务，施工进度安排，人力需求及安排，物质的需求及供应计划，机械需求及安排，完成时间进度表，以及所需资金数量，安全、环保措施等。

2.1.1.3　施工物资文件的形成

工程建设中使用的原材料、成品、半成品、构配件和各种设备均为施工物资。施工物资文件是指建设工程所使用的物资质量是否满足设计和规范要求的各种质量证明文件以及相关配套文件的总称。施工物资文件包括工程物资出厂质量证明文件，产品生产许可证（产品合格证、质量合格证明），检验、试验报告，新技术、新材料出具的鉴定证书，复试试验报告及工程物质选样送审、进场报验等。

2.1.1.3.1　工程物资选样送审表

工程物资选样送审表是施工单位按合同约定在工程物资订货或进场之前，由物资供应单位办理的工程物资选样报审的手续。物资供应单位应当按合同条款在组织工程物资进场前，向施工单位提交有关出厂合格证等质量证明文件，并由施工承包单位填写工程物资选样送审表，送监理（建设）单位有关部门审查同意后，物资进场，施工单位负责验收。

工程物资选样送审表的具体内容如下：

（1）施工承包单位负责人签署的工程物资选样文件请予审批的函件，写明物资名称、规格、生产厂家、使用部位，以及所附物资质量证明文件和报价单。

（2）施工总承包单位审核意见。

（3）监理工程师审查意见。

（4）设计负责人审查意见。

（5）建设单位技术负责人签署审查意见和审定结论。

2.1.1.3.2　工程物资进场检验记录

工程物资进场检验记录是工程物资进场后应由建设、监理单位会同施工单位对进场物资进行检查验收的文件，施工单位负责填写。

工程物资进场检验记录主要内容为：列表记录进场物资的名称、规格、型号、数量、生产厂家，检验是否满足设计、计划要求，物资出厂质量证明和检测报告是否齐全，物资外观质量是否合格，是否满足设计或规范要求等，最后给出检验结论。

2.1.1.3.3　产品质量证明和检测报告

工程物资出厂时相关质量文件就是产品质量证明文件和试验报告。

1. 产品质量证明

产品质量证明指的是原材料、成品、半成品等物资的出厂合格证、质量证明书、商检证等文件。

原材料指砂、石、水泥、砖、钢材（筋）、防水材料、隔热材料、防腐材料、保温材料、轻集料等物资。

半成品指预制混凝土、石灰搅拌料等。

成品指钢筋混凝土构件、预制钢构件、木构件等。

另外，幕墙工程、装饰装修工程等使用的材料，以及给水排水、采暖、燃气、电气、通风、空调、智能建筑、电梯等工程所使用的物资都属于产品范围。

产品质量证明由生产厂家出具，在进货时应随产品一齐移交施工单位。产品证明的主要内容为产品名称、规格、生产厂家、供应数量、进货日期、力学性能、结构性能、复试报告、外观质量和其他需要说明的问题及结论。

2. 材料试验报告

材料试验报告是物资材料供应单位提供的材料性能检查试验结论。主要有施工现场使用的原材料、成品、半成品材料性能试验，材料污染物含量检测等，应委托有资质的检测和试验单位进行。供货单位应将材料试验报告与产品（工程物资）一同移交给施工单位。

2.1.1.3.4　设备进场检验

设备检验是施工单位、监理（建设）单位、供货单位对进场设备、材料、构（配）件进行开箱检查、抽检、验收。设备开箱检验记录由施工单位填写，由建设、监理、施工单位共同签认。

设备开箱检查记录的基本内容如下：

（1）基本情况。设备名称、规格型号、数量、装箱号、检查日期等。

（2）检查记录。包装情况、随机文件、备件与附件、外观情况、测试情况。

（3）检查结果。缺、损附件、备件明细表（名称、规格、单位、数量）。

（4）检验结论。

2.1.1.3.5　产品复试记录（报告）

对进场的建设材料、产品按规定进行复试检验是对各种原材料、构（配）件质量检查的一个重要环节。复试的产品有原材料〔如砂、石、水泥，钢筋（材）、防水材料、隔热材料、保温材料、防腐材料、砌块、砖等〕、半成品（钢构件、混凝土构件、钢筋混凝土构件等）、成品等，产品复试记录（报告）就是对进场的材料、产品等按规范规定进行抽样试验的试验记录（报告）。产品复试记录（报告）是施工单位委托有产品试验资质的试验单位进行并出具。

（1）须进行复试的产品和出具的试验报告如下：

1）水泥试验报告。

2）钢筋（材）试验报告。

3）砖（砌块）试验报告。

4）砂试验报告。

5）碎（卵）石试验报告。

6）石灰试验报告。

7）轻集料试验报告。

8）防水卷材试验报告。

9）防水涂料试验报告。

10）混凝土掺合料试验报告。

11）混凝土外加剂试验报告。

12）沥青材料试验报告。

13）防腐绝缘材料试验报告。

14）保温材料试验报告。

15）钢材力学性能试验报告。

16）其他。

（2）委托专门检测单位测试的产品如下：

1) 预应力产品及张拉用具。

2) 装饰装修产品。

3) 钢结构、木结构等。

4) 幕墙结构及用料等。

5) 室内材料污染物含量检测。

委托的测试单位应将委托测试形成的产品复试报告（记录），按合同规定及时移交委托单位（施工单位）。

（3）产品复试报告（记录）的基本内容如下：

1) 基本情况，包括工程名称、试验编号、委托单位、试验委托人、试件名称、物资（产品）产地（厂名）、来样日期、试验日期等。

2) 要求试验项目（内容）及试验结果。

3) 试验结论。

4) 试验签证，包括试验单位和批准人、审核人、试验人及报告形成日期。

（4）各种物资（产品）试验项目的试验要求说明。

1) 水泥试验项目。细度（$8\mu m$ 方孔筛筛余量和比表面积）、标准稠度用水量、凝结时间、安定性、强度（3 天和 28 天的抗折强度和抗压强度）、其他。

2) 钢筋（材）试验项目。力学性能（屈服点、抗拉强度、伸长率等）、弯曲性能（弯心直径、角度、结果）、化学分析及其他。

3) 砖（砌块）试验项目。抗压强度（平均值、最小值）、抗折强度（平均值、最小值）等。

4) 砂试验项目。筛分析（细度模数、级配区域）、含泥量、泥块含量、表观密度、堆积密度、碱活性指标等。

5) 碎（卵）石试验项目。筛分析（级配情况、级配结果、最大粒径）、含泥量、泥块含量、针（片）状颗粒含量、压碎指标值、表观密度、堆积密度、碱活性指标等。

6) 轻集料试验项目。筛分析（细度模数、最大粒径、级配情况）、表观密度、堆积密度、筒压强度、吸水率、粒型系数等。

7) 防水卷材试验项目。拉力试验（拉力、拉伸强度）、断裂延伸率、耐热度、不透水性、柔韧性、其他。

8) 防水涂料试验项目。延伸性、拉伸强度、断裂伸长率、黏结性、耐热度、不透水性、柔韧性（低温）、固体含量等。

9) 混凝土掺合料试验项目。细度（0.04mm 方孔筛筛余量、$80\mu m$ 方孔筛筛余量等）、需水量比、28 天水泥胶砂抗压强度比、烧失量及其他。

10) 石灰类（粉煤灰）试验项目。活性 $CaO+MgO$ 含量（粉煤灰含量）测定、未消解颗粒（粉煤灰烧失量）测定、含水量和抗压强度等。

11) 混凝土外加剂试验项目。减水剂测钢筋锈蚀、28 天抗压强度和减水量；早强剂测 1 天和 28 天抗压强度；缓凝剂测 28 天抗压强度比和凝结时间差；防冻剂测抗压强度比；膨胀剂测抗弯、抗压强度；其他。

12) 沥青（路用沥青、乳化沥青、液化石油沥青）试验项目。强度、针入度、软化点、延度等。

13）防腐绝缘材料试验项目。颜色、外观、规格、热稳定性、黏结力、防腐层性能、绝缘性能等。

14）保温材料试验项目。尺寸及外观质量、密度、抗压强度、抗拉强度、含水率、热导率等。

15）钢材力学性能试验项目。力学性能（屈服点、抗拉强度、伸长率、收缩率等）、冷弯性能（面弯、背弯、测弯）等。

16）钢筋混凝土（钢、木）预制构件试验项目。外观尺寸、构件自重、承载力（抗压、抗拉）、挠度、抗裂等。

17）玻璃幕墙材料试验项目。变形、渗透、保温、隔声、耐撞击等。

18）轻质隔墙材料试验项目。强度、保温、隔声等。

如对某一试验项目有特殊要求时，应向试验单位提出具体要求和试验说明。

2.1.1.3.6　工程物资汇总表

工程物资汇总表是施工单位将复试的原材料、半成品、成品和设备的主要技术指标和试验数据汇总而成。

2.1.1.4　设计变更文件的形成

建设工程项目设计变更文件是对施工图的修改，与施工图具有同等价值的施工依据。设计变更文件包括设计交底、设计变更、工程洽商记录。

1．设计交底

设计交底是工程设计人员在建设工程施工前对施工图等设计文件的形成依据、建设工程项目的基本情况及施工图设计思想、原则、要求和设计意图、采用的技术标准、施工注意事项等通过会议向有关单位和人员交底，参加人员就施工图提出问题，进行讨论形成设计交底记录，有时也称图纸会审记录。设计交底一般由建设（监理）单位组织，设计单位、施工单位、监理（建设）单位参加，有时还请财政、物资供应、质量监督等部门参加。设计交底记录由施工单位汇总整理，参加会议各单位技术负责人签字，建设单位盖章，形成正式文件。设计交底记录的主要内容如下：

（1）开会的日期、地点、参加单位和人员，讨论图纸的工程名称及专业名称。

（2）图纸修改意见。

1）提出的问题（图号、具体内容）。

2）问题图纸的修正意见，由设计负责人签字认可。

设计交底记录也可以作为图纸会审记录或第一次设计变更。

2．设计变更

设计变更是设计单位的设计人员对设计施工图纸的修改和补充。主要是对设计不合理、施工条件变化、工艺变化、设计遗漏等问题的修改和补充。设计变更一定要经过建设（监理）单位、设计单位、施工单位的签证。设计变更的主要内容如下：

1）工程项目名称、专业名称、修改日期。

2）设计变更内容。修改的施工图图号、修改部位、修改内容，可用文字，也可用修改图表示。

如果设计变更对某一图纸修改范围大，内容多时，设计单位除出具设计变更文字材料外，还应对施工图进行修正，用修正后的施工图代替原施工图。

设计变更要按专业分开。

3. 工程洽商记录

工程洽商记录一般是由施工单位提出的对施工图纸的修改和补充，洽商记录要经设计单位同意、签认并经建设、监理单位核查签证后生效。工程洽商记录有技术洽商和经济洽商之分，技术洽商是对施工图纸的修改，经济洽商是施工单位与建设单位之间就某些修改达成的经济条款，是工程结算的依据之一。

工程洽商记录的主要内容如下：

1）工程项目名称、专业名称、修改日期、提出洽商单位名称。

2）洽商内容摘要。

3）洽商具体内容。修改图的图号、修改的部位、修改的内容，用文字说明写不清楚时，应该用修改图表示。

工程洽商记录应按专业分开。

2.1.1.5　施工测量文件的形成

施工测量文件是在建设工程施工过程中形成的测量文件的统称，以确保定位尺寸、标高、位置和沉降量等满足设计要求和规范规定。施工测量文件包括施工准备阶段的工程定位测量，施工阶段的基槽验线、结构放线测量，工程竣工后的竣工测量、沉降观测，以及地下管线工程的竣工测量等。工程测量文件是关系到工程定位、竣工验收的大事，测量人员要严格按照国家和地方有关规范、标准和设计要求进行，监理单位对测量成果要认真检查和审核。

1. 工程定位测量记录

工程定位测量是根据测量控制网，对建设工程项目总平面图范围内的建筑物、构筑物进行建（构）筑物定位放线，确定建（构）筑物的标准轴线平面位置和基槽开挖线的控制，以保证建（构）筑物的位置、标高准确。

工程定位测量记录是测绘单位利用工程测量控制网和建设工程规划许可证批准的建设工程位置、标高等依据测定建（构）筑物红线桩，施工单位依据测绘单位提供的测量成果、红线桩测定的建设工程位置、轴线、高程等测量数据和测绘成果图进行施工。工程定位测量记录是由测绘单位整理和提供，一般要经本城市负责测绘工作的规划（建设）主管部门审查批准。

2. 基槽验线记录

基槽验线记录是测绘单位根据建（构）筑物的定位线、施工方案，对开挖的基槽轴线、轮廓线、断面尺寸、高程、坡度等进行检查整理的记录。基槽验线记录由测绘单位形成后，需经建设（监理）单位签证认可。

3. 结构（楼层）放线记录

楼层放线记录是测绘单位对建筑物各楼层的柱、墙轴线、边线、洞口位置线、水平控制线、轴线竖向投测控制线测量结果的记录。楼层放线记录由测绘单位整理形成、建设（监理）单位审核。

4. 沉降观测记录

沉降观测记录是指测绘单位对应按规范和设计要求设置的沉降观测点，定期进行观测的记录。因为沉降观测历时比较长，要按规定进行不间断观测并形成观测记录，所以要列入工程后期工作计划，认真对待。沉降观测记录内容为两部分：一为观测点布置图；二为观测点的沉降观测记录。

5. 浅埋暗挖结构观测记录

浅埋暗挖工程结构测量包括净空测量、结构收敛观测和拱顶下沉观测，测量工作由施工单位进行，并整理形成浅埋暗挖结构观测记录。

（1）净空测量记录。暗挖浅埋工程支护（衬砌）后，应进行净空测量检测并形成检测记录。

（2）结构收敛观测成果记录。浅埋暗挖工程施工时，应进行结构的收敛变形观测，并形成记录。

（3）拱顶下沉观测成果表。浅埋暗挖工程施工时，应进行结构的拱顶下沉观测，并形成记录。

6. 地下管线竣工测量报告

地下管线竣工测量报告是测绘单位在地下管线工程管线沟槽回填土前对铺设的管线实施测量撰写的报告。地下管线竣工测量由具有地下管线测量资质的测绘单位承担。测量时应选择适当的测量方案和测量点位，做好测量成果的记录，并将测量成果展绘在地形图上。地下管线竣工测量报告要经地下管线竣工测绘管理单位审核批准后，向建设单位移交。地下管线竣工测量报告的主要内容如下：

（1）测量任务。

（2）测量说明。作业方法（竣工测量施测方法以解析法为基本方法，无条件采用解析法时，可用栓点法）、精度分析及存在的问题。

（3）测量成果表。

1）工程略图和测量点位布放，略图要注明地名、路名、布放点位，能全面展示管线平面、竖向位置和附属设施位置。

2）测量原始手簿，包括导线泓算簿、量距手簿、极坐标测算簿、支线水准测量等。

3）工程测量成果表，记录测量点位及测量结果的表格。

（4）质量检查验收。测量成果一般由竣工测量责任部门负责检查验收，并签署意见。

（5）展图。展图是将测量成果在地形图上按实际位置展绘。

1）选用合适的地形图。一般城区展绘在1∶500，郊区展绘在1∶2000，远郊区展绘在1∶10000的地形图上，条图、块图均可，但地形图应当是标准、规范的，要有图幅编号。

2）按实测数据将管线准确的展绘在地形图上，注意起点、终点、拐点位置并注明坐标值、管位号等；检查井、入孔等构筑物要按实际测量数据绘出构造形式；特殊的热力小室、电信管井、管道交叉部位等要绘制大样图。

3）图解法测量数据要展绘在1∶500地形图上，对主要点位要绘大样图，并标注有关数据。

2.1.1.6　施工试验文件的形成

施工试验是根据规范规定和设计要求，在施工时对现场材料、施工质量等进行的试验，其记录原始数据、计算结果和试验结论的文件称为施工试验文件。施工试验包括回填土、砂浆、混凝土、钢筋连接等试验，对于不同专业和不同工程，根据设计要求还要进行各种功能性试验。在施工中使用新技术、新工艺、新材料，应在施工前进行专门的功能试验。

2.1.1.6.1　回填土

回填土包括素土、灰土、砂、砂石等材料，用于地基、柱基、基坑、基槽、管沟，以及平整场地、地基处理等的回填，回填土试验项目有回填土取样试验、土工击实试验等。

1. 回填土试验报告

回填土试验报告是施工单位委托试验单位，在回填土施工时，分段分步取样测试土的干密度和含水量而整理形成的试验文件。分段以保证取样的全面性，分步以保证施工过程的完整性。

2. 土工击实试验报告

土工击实试验报告是施工单位委托试验单位，在实施回填土前对回填土进行最大干密度、最优含水量和最小干密度控制指标试验编写的报告。本报告是对图纸中有密实度要求的工程进行的试验，主要绘制回填料干密度与含水量关系图，根据设计压实系数计算回填料最小干密度控制指标。

3. 土壤压实度试验记录（环刀法）

道路工程、桥梁工程、管（隧）道工程等要对土的湿密度和干密度进行试验，由试验单位编写土的压实度试验记录（环刀法）。

2.1.1.6.2　砌筑砂浆试验

砌筑砂浆试验是根据砂浆配合比申请单和试验室签发的配合比通知单进行的试块强度试验，形成的文件有砂浆配合比申请单、砂浆配合比通知单、砂浆抗压强度试验报告和砌筑砂浆抗压强度统计、评定记录等。

1. 砌筑砂浆配合比申请单和通知单

砂浆配合比申请单是施工单位根据进场材料和设计要求申请砂浆配合比试验的文件。砂浆配合比通知单是试验单位根据申请单中砌筑砂浆的技术要求、设计强度和施工承包单位提供的水泥、砂、白灰掺合料、外加剂等材料基本数据进行配合比试验，确定使用材料的配合比和每立方米所需材料用量签发的砂浆用料配合比文件。施工承包单位应按本通知单用料配合比执行。

2. 砂浆抗压强度试验报告

砂浆抗压强度试验报告是施工承包单位按砂浆配合比通知单上的材料用量，在施工现场分批制作试块并送试验单位进行试验，将其试验结果整理而编写的报告。

3. 砌筑砂浆试块强度统计、评定记录

砌筑砂浆试块强度统计、评定记录是施工单位以单位工程为对象，按同类型、同强度等级的砂浆为一验收批整理的砌筑砂浆试块抗压强度进行统计、评定的记录文件。

2.1.1.6.3　混凝土试验

混凝土是工程建设的重要材料之一。为保证混凝土强度和质量指标，必须按规范规定和设计要求进行混凝土配合比的设计和对原材料进行优化选择。混凝土试验是施工试验单位在试验室对不同型号的水泥、砂、石等原材料进行配合比试验，签发保证设计强度的混凝土配合比通知单，施工承包单位按此通知单实施混凝土施工。在施工时，现场制作混凝土试块在试验室进行强度试验。混凝土强度试验有混凝土抗压强度试验、商品混凝土复试、混凝土试块抗压强度统计、评定等。

1. 混凝土配合比通知单

混凝土配合比通知单是施工试验单位在混凝土施工前，根据设计强度等级、技术要求、施工部位、原材料等具体情况，按施工承包单位提供的混凝土配合比申请单上的强度等级和原材料情况，试验确定混凝土配合比，向施工单位签发的通知。施工承包单位要严格执行混凝土配合比通知单上的内容，混凝土强度等级、水灰比、砂率和每立方米（或每盘）混凝土水泥、水、砂、石及外加剂、掺合料的用量。

2. 混凝土（试块）抗压强度试验报告

混凝土（试块）抗压强度试验报告是施工试验单位接到施工承包单位在施工现场制作的混凝土试块，在标准养护条件下养护 28 天做试块抗压强度试验，用试验结果编写的报告，交施工承包单位存档。

3. 混凝土抗渗试验报告

防水混凝土除应与普通混凝土一样进行稠度和强度试验外，还要单独进行混凝土抗渗专项试验。混凝土抗渗试验报告是施工试验单位对在标准养护条件下的防水混凝土抗渗试块，根据混凝土抗渗等级，按计算的水面压力（p）进行试验时，对试验结果、评定等内容编写的报告。

4. 混凝土试块抗压强度统计、评定记录

混凝土试块抗压强度统计、评定记录是施工单位以单位工程为对象，对同一验收批的混凝土抗压强度试验报告进行整理、统计和评定的记录文件。

2.1.1.6.4　钢筋（构件）试验

钢筋（材）、钢构件是工程建设使用的又一重要材料，为保证材料的质量，应对钢筋（材）、钢构件进行试验和检测，并整理成试验和检测报告。

1. 钢筋连接试验报告

钢筋连接试验指用于焊接和机械连接的钢筋进行的强度试验。钢筋连接试验是在施工前，对每批进场的钢筋进行钢筋焊接强度、弯曲等试验，确定连接性能。钢筋连接试验以验收批为单位，从成品中随机抽取试件。钢筋连接试验报告是施工试验单位按设计规范和试验要求分批对钢筋连接进行试验，把试验结果整理形成的报告。

2. 钢构件射线探伤

承受拉力或压力的钢构件，钢结构的连（焊、栓）接应按国家标准的规定，由具有检测资质的检测单位进行抽样检查。检查采用超声波探伤或 X 射线探伤，将探伤结果整理成钢构件超声波探伤报告、钢构件射线探伤报告。

（1）钢构件超声波探伤报告。钢构件超声波探伤报告是施工单位委托有检测资质的检测单位对钢结构进行抽样检查，检测单位用检测结果编写的报告。

（2）钢构件射线探伤报告。钢构件射线探伤报告是施工单位委托有检测资质的检测单位对钢构件进行射线探伤抽样检查，检测单位用检测结果编写的报告。

2.1.1.6.5　道路压实度检测

道路压实度指道路路基（回填土、路床）、基层、路面的压实度。在道路施工时，对道路压实情况进行检测。检测工作由施工单位组织，设计、监理等单位参加，施工单位进行检测并整理检测记录，形成道路压实度检测记录、道路基层、面层抗压强度检测记录等文件，各参加检测工作的单位签署认可。

1. 道路压实度检测记录

道路压实度检测适用于路基、基层和柔性路面面层的压实度检测。检测由施工单位进行，并出具道路压实度检测记录。

2. 道路基层、面层抗压强度检测报告

道路基层、面层指混凝土、沥青混合料等材质的路基、路面，一般采用取样方法检测路基、路面压实度和厚度，由试验单位根据实测记录整理形成道路基层、面层抗压强度检测报告。

3. 道路基层、面层压实度检测汇总表

道路施工时，施工单位应将路基、基层、面层压实度检测记录进行汇总，形成道路基层、面层压实度检测汇总表。

2.1.1.7　工程检查文件的形成

工程检查是指施工过程中对各专业、各环节的工程质量进行检查。工程检查文件主要有预检记录、隐蔽工程检查记录和交接检查记录。

1. 预检记录

预检是施工单位在施工过程中按照规范和设计要求，在进行下一道工序或下一分项工程前对已完成的上一道工序或上一分项工程的完成情况和施工质量预检，它是预防质量事故的有效途径之一。预检记录有模板安装、设备基础、构件安装、结构施工缝及管道预留孔、预埋套管、箱涵顶进滑板、明装管道、设备安装、电气明配管、线槽、明装避雷带、变配电装置、机电和设备、表面器具、支架位置、部位连接等检查记录。

预检记录中的预检项目及检查的主要内容如下：

（1）模板。检查几何尺寸、轴线标高、预埋件及预留孔位置、模板牢固性及严密性、清扫口留置、模内清理、脱模剂涂刷等，以及节点检查、放样检查。

（2）预制构件安装。检查预制构件型号、外观，以及构件的锚固、支点的搁置长度、高程、垂直偏差等。

（3）设备基础。检查设备基础的位置、高程、几何尺寸、预埋件及混凝土的强度等。

（4）结构施工缝。检查留置方法、位置、接槎处理等。

（5）管道预留孔、预埋套管。检查预留孔（套管）的尺寸、位置、标高及预埋件的规格、形式等。

（6）明装管道（设备安装）。检查位置、高程、坡度、材质、防腐、接口方式、支架形式、固定方式等，以及安装方法、预埋件规格、形式、尺寸和位置。

（7）箱涵顶进滑板。检查位置中心线、顶面高程、纵坡、平面尺寸、平整度、润滑隔离层、滑板与滑板横向锚固强度、刚度、抗滑动稳定性等。

（8）电气明配管、线槽。检查导管（线槽）的品种、规格、位置、连接、接地、防腐、固定方法、固定间距、外观处理等。

（9）明装电气连接。检查连接导线的品种、规格、连接配件、连接方法等。

（10）明装避雷带。检查器材的品种、规格、连接方法、焊接质量、固定方式、防腐处理等。

（11）变配电装置。检查配电设备基础的规格、安装位置、接地连接质量、高低压电源进出口方向、电缆位置、高程等。

（12）表面器具（开关、插座、探头、灯具、风口、卫生用具等）。检查位置、标高、规格、型号、外观质量等。

（13）智能管理工作机柜、设备安装。检查机柜、设备和前置的设备型号，安装是否安全、正确，质量是否合格等。

（14）电梯、扶梯、自动人行道安装。检查机房尺寸、设备基础尺寸、预埋件埋设、电梯安装等。

2. 隐蔽工程检查记录

隐蔽工程检查是指下一道工序覆盖上一道工序施工结果时，对上一道工序施工结果进行是否符合质量要求的检查。隐蔽工程检查包括地基基础工程与主体结构工程的隐检、建筑装饰装修工程的隐检、屋面工程的隐检；电气、给水排水及采暖、通风与空调、电梯、智能建筑工程隐检；预应力结构、施工现场结构构件隐检；厂、场、站构筑物隐检等。隐蔽工程检查是保证施工质量的重要措施，也是工程质量重要依据性文件。

隐蔽工程检查是由施工单位组织，建设单位、监理单位等有关部门参加，按质量验收规范和设计要求对隐蔽工程项目进行检查验收，并由施工单位负责整理隐蔽工程检查记录。不同性质工程的隐蔽工程检查项目及检查主要内容如下：

（1）地基基础工程和主体结构工程。地基基础与主体结构工程是控制建设工程安全的主要部位，应特别注意隐蔽检查。

1）土方工程。检查基底清理情况、基底尺寸、标高等。

2）支护工程。按基坑支护方案检查锚杆、土钉的品种、规格、数量、插入长度、钻孔深度、直径、角度等，喷射混凝土的厚度、黏结力等。

3）桩基工程。检查成孔、清孔情况，沉渣厚度、钢筋笼规格、尺寸等。

4）地下防水工程。检查混凝土变形缝、施工缝、穿墙套管、埋设件等形式或构造，防水层基层处理和防水材料规格、厚度、铺设方式、阴阳角处理、搭接处理等，以及人防、地下车库等出入口止水做法。

5）结构工程。检查钢筋（材）的品种、规格、数量、位置，锚固和接头位置，搭接长度，保护层厚度和除锈，及连接形式、连接种类、接头位置和连接质量，焊条、焊剂、焊口形式、焊缝长度、厚度等，以及混凝土的质量、强度等级。

6）预应力工程。检查预留孔道的规格、位置、形状、数量；预应力筋品种、规格、位置、数量；端部预埋垫板；预应力筋下料长度、切断方法、固定，护套的完整性，锚具、夹具与连接点的组装等。

7) 钢结构工程。检查地脚螺栓规格、位置、埋设方法、紧固情况等,以及连接方式、质量情况。

8) 外墙保温工程。检查内外结点的连接方法、保温构造等。

(2) 装饰装修工程。装饰装修工程隐检主要指检查基础工程的各层面材料品种、规格、铺设方法、密封处理、黏接情况及施工质量;具有加强措施抹灰工程的抹灰材料;门窗工程的锚固件、螺栓材料及锚固、连接、防腐、密封等方式、施工质量;吊顶龙骨的安装质量及龙骨材料;轻质隔墙的预埋件、连接件及连接方式和防腐、防水处理;幕墙工程的构件及连接;构件和主体结构的连接节点的安装;防腐、防震、防水、保温处理;以及防雷接地处理等。

(3) 屋面工程。屋面工程主要检查基础、找平层、保温层、防水层、隔离层材料的品种、规格、厚度以及铺设方法、搭接、接缝处理、黏接情况;及附加层、檐沟、泛水、变形缝做法等。

(4) 给水排水及采暖工程。给水排水及采暖工程隐检项目指埋设于地下或结构中,暗敷设于沟槽、管井不能进入的设备层、吊顶内,以及有保温隔热要求的管道和设备的检查。主要内容如下:

1) 管道、管件、阀门、设备的材质、型号、安装位置、标高、坡度,防水套管的尺寸及定位,管道连接做法及质量,附件使用,支架固定及严密性等。

2) 有绝热、防腐要求的管道和相关设备,应检查绝热方式、绝热材料的材质。

3) 直埋管道在回填前应检查管道和设备的安装位置、标高、坡度、保温层、保护层设置等,管道穿越道路、障碍物时加固或加强做法。

(5) 电气工程。电气工程隐蔽工程检查是指埋设于地下或结构中的导管、直埋电缆,暗敷在电缆沟、不能进入吊顶内的电线导管或线槽,以及避雷引下线、接地极装置埋设等电缆、导管、设施的检查。主要检查内容如下:

1) 埋于结构中的各种电线导管。检查导管的品种、规格、位置、弯扁度、弯曲半径、连接、防腐做法、管盒固定、管口处理、敷设情况、保护层等。直埋和敷设在沟槽内电缆的品种、规格、位置、埋设方法、固定方法、埋深、弯曲半径等。

2) 不能进入吊顶内的电线导管或线槽。检查导管和线槽的品种、规格、位置、连接、防腐、管盒固定、管口处理、弯曲半径、固定方法、固定间距等,以及与其他管线的位置关系。

3) 利用结构钢筋做避雷引下线。检查轴线位置、钢筋数量、规格、焊(塔)接质量、与接地极等连接点质量,金属门窗、幕墙与避雷引下线连接材料的品种、规格、连接位置和数量、连接方法和质量等。

4) 接地极装置埋设。检查接地极的位置、间距、数量、材质、埋深、连接方法、连接质量及保护层厚度等。

5) 等电位及均压环暗埋。检查使用材料的品种、规格、安装位置、连接方法及质量、保护层厚度等。

(6) 通风与空调工程。通风与空调工程隐蔽工程检查有敷设于井道内、不能进入的吊顶内的风道、设备及其部件，有绝热、防腐要求的风管、空调水系统管道及设备等项目。主要检查内容如下：

1）检查风道的标高、材质、接头、接口严密性，附件、部件安装位置，支、吊、托架安装、固定、调解是否灵活、方向是否正确，风道分支、变径处理是否合理和符合要求，是否完成对风管的漏光、漏风检测等。

2）检查有隔热、防腐要求的风管及设备材料的材质（设备的质量）、规格，防腐处理及做法，绝热形式及做法等。

3）检查空调水系统管材、管件质量及安装，检查具体内容同给水管材及安装。

（7）电梯工程。电梯工程隐检主要检查电梯承重梁、起重吊环埋设，电梯钢丝绳头灌注，电梯井道内导轨，层门的支架、螺栓埋设等。

（8）智能建筑工程。智能建筑工程隐检主要是埋设结构内的电线导管，不能进入吊顶内的电线导管或线槽，直埋电缆，不能进入的电缆沟敷设的电缆等项。检查基本内容如下：

1）埋设在结构内各种电线导管的品种、规格、位置、弯扁度、弯曲半径、连接、接地、管盒固定、管口处理、敷设情况、保护层等。

2）不能进入吊顶内的电线导管和线槽的品种、规格、位置、连接、接地、防腐、线槽的固定、管盒固定、固定方法和间距、管口处理等。

3）直埋电缆的电缆品种、规格、埋设（固定）方法、埋深、弯曲半径、标桩埋设情况等。

4）不能进入的电缆沟敷设的电缆的品种、规格、弯曲半径、固定方法、固定间距、标识情况等。

（9）桥梁工程。桥梁工程隐检主要有结构预应力、桥面防水、伸缩装置等项，检查基本内容如下：

1）桥梁结构。检查预应力筋的品种、规格、数量，预留孔道的直径、位置、坡度、接头处理，孔道、绑扎、锚具、夹具、连接器的组装等。

2）桥面防水和桥板设置。检查防水层下找平层的平整度、坡度，桥头搭板位置、尺寸、安装质量等。

3）桥面伸缩装置。检查伸缩装置的规格、数量、设置情况等。

（10）垃圾填埋场。垃圾填埋场工程隐检有导排层和导排渠等项目。检查主要内容如下：

1）检查导排层的铺设材质、规格、厚度、平整度等。

2）检查导排渠轴线位置、内底高程、断面尺寸等。

3．交接检查记录

交接检查是不同施工单位在工程交接时进行的例行检查。移交单位、接收单位和见证单位共同对移交工程进行验收，并对质量问题、遗留问题、成品保护、工序要求、注意事项等进行检查，移交的施工单位据实进行记录，并整理成交接检查记录，本记录由移交、接收和见证单位共同签证后生效。

2.1.1.8　地基与基础施工文件的形成

地基与基础是建设工程施工的关键工序之一。地基与基础的施工包括基槽的开挖与支护和基础结构的施工（或桩基础的施工），产生的主要文件有地基钎探记录、验槽检查记录、地基处理记录、基坑支护及检测记录、桩基施工记录、基础结构施工记录等。

1. 地基钎探记录

地基钎探是地基基槽开挖后，为检查浅土层的均匀性，确定地基的承载力，检验填土质量，证实和补充工程地质勘察报告的完整和准确而进行的钎探活动。地基钎探记录是施工单位根据规范要求，在开挖的基槽范围内设计布放钎探点（钎探点平面布置图）实施钎探，由钎探原始记录整理而成的记录文件。地基钎探记录是由钎探数据和附图（钎探点平面布置图）组成。

（1）地基钎探记录。地基钎探记录是按钎探点实测的钎探数据整理而成，其主要内容如下：

1）基本情况。工程名称、施工单位、钎探日期和钎探工具指标数据。钎探工具指标数据为套锤重、自由落距、钎径等。

2）钎探数据。钎探数据是按钎探点顺序号记录各点各步（0～30cm、30～60cm、60～90cm、90～120cm、120～150cm、150～180cm、180～210cm）锤击数。

（2）附图。附图为钎探点平面布置图，一般绘在建筑物（或构筑物）基础平面图上，按钎探点编顺序号，并标注在平面布置图上。钎探点与钎探记录要一一对应。

2. 地基验槽检查记录

地基验槽是根据设计要求对地基进行基槽、基坑、桩孔等开孔（钻孔）后，对其开挖（钻孔）位置、尺寸、施工质量等进行检查和验收。地基验槽检查记录是由施工单位整理，由建设、勘察、设计、监理、施工等参加检查的单位派员共同签署的文件。如需要进行地基处理，应由勘察、设计单位提出处理意见，一般标注在钎探点平面布置图上或以工程洽商记录的形式予以确认。

3. 地基处理记录

地基处理是在验槽检查、钎探记录分析的基础上，对开槽实际情况与工程地质勘察报告上不相符的，或与设计要求不相符的基槽应进行技术处理，形成满足地基技术要求和质量标准的处理意见，并按此意见实施。地基处理记录是由施工单位就地基处理意见、采取的处理方法，以及处理前状态、处理过程、处理结果、取样试验等内容整理形成的文件。

4. 锚喷支护加固检查记录

锚喷支护是指地基基槽开挖当边坡坡度大或地质条件差须加固时，可采用锚杆、喷射混凝土或锚杆喷射混凝土进行加固，使边坡稳定。锚喷支护加固检查记录是施工单位锚喷支护在边坡实施加固后进行检查的记录，此检查记录应经监理（建设）、设计、施工单位共同签认。

5. 桩基

桩基是使用钢筋混凝土预制桩、板桩、钢管桩、混凝土灌注桩等作为建筑物或构筑物的承载地基。桩基种类很多，主要为沉入桩和现浇桩。沉入桩也称预制桩，主要有钢管桩、钢筋混凝土预制桩等。预制桩一般是在工厂中制作，其中钢筋混凝土预制桩也可在现场制作。对于预制桩的质量要求很高，一定要按设计图和设计要求严格进行加工，原材料及制作工艺要符合规范要求，对于每一根桩均要进行严格的检查，并在打桩前做试桩试验或预制桩的动荷载试验。预制桩施工时要按桩基设计平面图进行，如需要补桩时，须设计单位绘补桩平面图。施工结束后，要对桩基进行单桩承载力、混凝土强度等试验。

现浇桩一般指钢筋混凝土灌注桩，在施工时按规范要求检查每二道程序的施工质量。成孔无论是开挖孔还是钻孔，对于孔径、孔深、护坡等均要进行检查，钢筋骨架的加工和放置，混凝土的浇注都要按规范和设计要求执行。施工完成后要对桩基进行全面检查，检查的项目有混凝土强度、桩身完整性、单桩垂向承载力等。

无论是沉入桩还是现浇桩都应由施工单位根据桩基施工情况整理施工记录。主要形成的桩基施工记录有沉入桩检查记录、挖（钻）孔桩成孔检查记录及挖（钻）孔桩混凝土灌注检查记录。

（1）沉入桩检查记录。对于不同类型的预制桩，打桩的技术指标和要求是有所差别的，应当在施工记录时予以注意。对沉入桩施工过程和结果应进行施工质量检查，并由施工单位做好记录，并整理形成沉入桩检查记录。

（2）挖孔桩成孔检查记录。挖孔桩桩孔开挖应当符合设计要求和施工工艺，对成孔要进行施工质量检查。对施工质量检查应由施工单位整理成挖孔桩成孔检查记录。

（3）钻孔桩成孔检查记录。一般钻孔是用机械进行的，按施工工艺开钻，钻好的成孔应符合设计要求。成孔的检查是由监理（建设）、施工单位联合进行的，施工单位记录并整理形成钻孔桩成孔检查记录，并由参加检查单位共同签署检查意见。

（4）挖（钻）孔桩混凝土灌注检查记录。钻孔桩、挖孔桩经过成孔检查合格，钢筋笼骨架或钢筋绑扎完成就位后，便开始灌注混凝土。在灌注混凝土前和灌注混凝土后均应进行检查，由施工单位整理成挖（钻）孔桩混凝土灌注检查记录。

6. 基础结构施工记录

基础结构工程施工形成的各种基础结构施工记录同结构工程施工记录，详见结构工程施工文件中的相关施工记录。

2.1.1.9 结构工程施工文件的形成

结构工程是建筑物和构筑物的承重主体，是工程施工的关键工序。建设工程结构形式有钢筋混凝土结构、钢结构、混合结构、木结构，以及砌体、锚喷支护、箱涵、管道等，具体又可按内外墙、梁、柱、板、幕墙等分成若干分部工程。结构工程施工质量是建筑物、构筑物安全的重要保证。

结构工程施工形成的主要文件有预应力筋张拉记录、有黏接预应力结构灌浆记录、钢结构施工记录、网架施工记录、木结构施工记录、幕墙施工检测记录、构件吊装记录、锚喷支护（岩石锚杆加固）施工记录、箱涵、管道顶进施工记录等，这些文件一般由施工单位记录和整理。

1. 预应力筋张拉记录

预应力筋张拉是指冷拉钢筋（丝）的施工作业。预应力筋张拉记录是施工单位按国家预应力张拉规范和设计要求实施的钢筋（丝）张拉作业记录整理而成。

2. 有黏接力预应力结构灌浆记录

有黏接力预应力结构指预应力钢筋混凝土构件、预制件和现场预应力构件。有黏接力预应力结构灌注指预应力结构钢筋张拉后并实施水泥浆的压力灌注。有黏接力预应力结构灌浆记录是施工单位根据施工记录整理而成。

3. 钢结构安装施工记录

钢结构是工程结构中常见的一种承载结构，包括立柱、横梁、桁架、吊车梁或轨道等项目。施工单位在钢结构安装时，对主要受力构件应检查垂直度、侧向弯曲、轴线偏差，以及对整体结构检查其整体垂直度和整体平面弯曲度的安装偏差等，并做记录。由现场施工员记录整理成钢结构安装施工记录。

钢结构安装施工记录中有关检查内容如下：

（1）部件检查。立柱的标高、不垂直度、轴线对行一列的偏差、柱弯曲度、相邻间牛腿顶面标高等。横梁、桁架的中心线支撑面轴线不垂直度、侧面弯曲、横梁间距等。吊车梁或轨道的轨道中心与吊车梁轴线偏差，两柱间吊车梁顶面高程、跨距、竖向垂直度等。

（2）整体结构检查。在立柱、横梁、桁架等构件的检查基础上，对整体结构的标高、尺寸、中心线、垂直线、水平线、柱（梁）间距、对角线等安装进行偏差检查，还要对构件连接、接头情况等进行检查。

（3）安装情况检查。钢结构安装情况要绘简明示意图表示。

4. 构件吊装施工记录

构件吊装包括钢构件、钢筋混凝土构件和其他承重的大型构件的吊装。构件吊装应由施工单位将构件吊装施工情况进行记录，并整理成构件吊装施工记录。

5. 木结构工程施工记录

木结构是常见的结构形式之一，施工由具有相应资质的专业施工队伍实施。

在施工过程中施工单位应检查木桁架、梁和柱等构件的制作、安装，屋架安装偏差和屋顶横向支撑的安全性等，做好记录并整理成木结构工程施工记录。

6. 幕墙工程施工检测记录

幕墙工程是建筑安装工程外装修的一种形式，安装技术要求较高，应由有资质的施工队伍施工。幕墙工程施工时须对幕墙的变形、抗渗透、安全性等进行检查。幕墙工程施工检测记录是施工单位委托法定检测单位对幕墙实施施工质量检测，由检测记录整理而成。

7. 防水工程试水检查记录

对于有防水要求的厕浴、屋面、水池等工程，均应按设计要求施工，按规范要求做好防水检查。不同的工程项目可采用不同的检查方法，厕浴采用蓄水不少于 24h 的检查；屋面采用不少于 2h 淋水检查，采用蓄水检查的屋面，蓄水时间不少于 24h；地下工程要做有无渗漏情况检查。防水工程试水检查记录是施工单位对防水工程施工结果实施检查的记录。

8. 砖饰面黏接强度检验报告

砖饰面指的是建（构）筑物内外装饰贴面的面砖、石材等贴面材。砖饰面黏接强度检验报告是施工单位根据有关规定对贴面黏接强度进行检验后由检验记录整理的报告。检验是按每 300m² 取一组试样，每层楼至少取一组进行抽检。

9. 道路工程路面检查

道路工程路面检查主要对路面的平整程度和粗糙度进行检查。

（1）路面平整度检查记录。路面平整度一般采用实测的方法对路面平整程度进行检查，检查工作由监理（建设）单位主持，设计、施工单位参加，由施工单位整理检查记录并形成《路面平整度检查记录》。

（2）路面粗糙度检查记录。路面粗糙度一般采用实测的方法现场对路面粗糙程度进行检查，检查工作由监理（建设）单位主持，设计、施工单位参加，由施工单位整理检查记录并形成路面粗糙度检查记录。

10. 桥梁总体质量检查记录

在桥梁施工过程中，对桥梁的桥墩基础、桥墩、桥梁、桥面等分别进行质量检查，形成相关施工记录，如桥墩基础施工记录、混凝土浇筑记录、构件吊装记录、桁架安装记录等，桥梁建成后要对桥梁总体质量进行检查。

桥梁总体质量检查记录是施工单位根据建设、监理、设计、施工等单位对桥梁各部分施工质量检查结果和检查意见整理而成，并经参加检查的单位和人员共同签署。

11. 顶管施工记录

顶管施工是箱、涵、管道工程在土壤介质中施工时，采用千斤顶将箱、涵、管道向前推进的施工方法。施工单位记录施工过程，并整理成顶管施工记录。

12. 锚喷支护施工检查

对浅埋暗挖的地道或隧洞加固，常采用一种锚喷支护的洞壁支护方法，或用岩石锚索（杆）锚固洞壁的加固方法。施工单位要对锚喷支护施工进行检查，对地道暗挖或隧道开挖过程和质量进行检查，做好记录，并由参加检查单位签署意见。

（1）锚喷支护施工检查记录。锚杆喷射混凝土支护，或锚索喷射混凝土支护、或锚索（杆）加固都应对施工情况进行检查并做记录，由施工单位将记录整理成锚喷支护施工检查记录。

（2）暗挖法施工检查记录。工程采用暗挖法施工，应对开挖和支护作业做全面检查，包括开挖成洞、支护、防水等工序，由施工单位将检查记录整理成暗挖法施工检查记录。

13. 盾构法施工记录

盾构法施工是在软土层暗挖成洞时，常采用的一种加固洞周围介质的施工方法。采用盾构法施工时，施工单位做好施工记录，并整理成盾构法施工记录。

14. 地下管道工程施工检查记录

地下管道工程指给水、排水、燃气、热力、电力、电信等埋置于地面以下的管道铺设及安装。地下管道工程施工检查主要是在管沟覆土前对各种管接口、焊接和外观，对基础、管架、设备的安装，对管道保温层、防腐绝缘的安装等进行质量检查，对每一施工内容的检查，施工单位均要整理成地下管道工程施工检查记录。

2.1.1.10　功能性试验文件的形成

根据设计要求和规范的规定，对工程结构及安全有影响的物资、施工工艺、工程性能、机器运转、系统运行等须进行功能性试验，对试验原始数据进行分析计算，从分析计算结果得出试验结论。功能性试验文件由实施试验的试验单位整理，并经建设单位、监理单位、施工单位共同检验并签署意见。功能性试验文件主要有桩基检测报告,地基承载力检测报告,锚杆拉拔试验报告,网架承载力试验报告,管道强度、严密性试验报告,电气接地、防雷接地试验报告,电梯整机性能检验、负荷运行试验记录,道路工程弯沉值试验记录,桥梁工程动、静载试验报告,以及设备单机试运转、系统试运行调试记录等。

1. 桩基检测报告

桩基的检测应按设计要求和相关规范、标准进行承载力和桩体质量的检测,一般要进行动、静荷载试验,由有相应检测资质的单位来承担,试验后出具桩基检测报告。

2. 地基承载力检验报告

地基承载力按设计要求进行检测,一般由专门的试验检测单位实施,应采用不同的试验方法检查地基的承载能力,并出具地基承载力检验报告。

3. 锚杆(索)拉拔试验报告

锚杆(索)施工时,要求对锚固力进行现场抽样拉拔试验。锚杆(索)拉拔试验是由专门的检测单位按规范规定和设计要求进行,并由检测单位整理并出具锚杆(索)拉拔试验报告。

4. 道路弯沉值试验记录

影响道路质量的因素很多,如道路压实度、平整度、粗糙度、弯沉值等,其中最重要的是弯沉值。道路弯沉值检验适用于路面、基础及土基,主要测定道路的弯沉状况。检测工作由施工单位进行,并将检测资料整理成道路弯沉值检测记录。

5. 桥梁功能性试验报告

根据合同要求对桥梁进行动荷载、静荷载和栏杆防撞等功能试验。试验前,建设单位应与具有检测试验资质的试验单位签订桥梁功能性试验委托书。由试验单位根据委托书内容进行试验方案设计和实施试验,试验后出具桥梁功能性试验报告。

桥梁功能性试验形成桥梁功能性试验委托书和桥梁功能性试验报告两份文件。

(1)桥梁功能性试验委托书是施工单位与受委托试验单位签订的委托文件,双方签字、盖章后生效。主要内容如下:

1)委托单位和受委托单位。

2)试验内容和要求。

一般试验内容为桥梁的动荷载、静荷载、栏杆防撞等项目,对试验项目进行方案设计和试验时提出具体要求。

(2)桥梁功能性试验报告是由试验单位进行试验,根据得出的试验结果整理而成。

6. 管道强度、严密性试验

管道试验是指对给水、排水、燃气、热力等管道工程的结构安全及施工质量进行检查,包括单项和系统两个方面的强度和严密性试验,试验一般是在承压管道和设备安装完毕后进行。试验工作由施工单位组织,有关单位参加。管道试验文件主要有各种管道的强度、严密性试验记录。

(1)管道强度严密性试验记录。生活冷热水管道、暖气干管、消防系统管道等室内外承压管道均应在管道、设备安装完毕后,进行管道强度严密性试验。管道强度严密性试验是由施工单位组织实施,并将试验结果整理成管道强度严密性试验记录。

（2）燃气管道气压严密性试验记录。燃气管道为输送煤气、天然气、液化石油气的承压管道，对管道及设备严密性要求很高，是确保燃气使用安全的重要条件。燃气管道气压严密性试验是由施工单位组织实施，并将试验结果整理成燃气管道气压严密性试验记录。

（3）排水管道闭水试验记录。污水、雨污水合流管道完工后应分段进行管道闭水试验，试验由施工单位实施，并将试验结果整理成《排水管道闭水试验记录》。

7. 设备（系统）试运行试验

设备、设施以及上水、下水、暖气、热力、燃气等系统安装完毕后均要进行设备单机试运转、设备强度、严密性试验和系统试运行调试，并由设备安装施工单位进行详细记录、整理，并填报设备、系统试运行记录。

（1）设备单机试运转记录。设备单机试运转指的是在工程中安装的各种设备、设施的试运行。比如电气设备的变压器、高压开关柜、高压电机、发电机组等；给水、供热、供气的加压设备；通风与空调的通风机、空调机；智能建筑使用的机器、仪器、仪表；电梯的电机、轿厢等主要部件；以及其他设备、设施，安装后均应进行单机运转试验。单机运转试验是安装施工单位根据建设（监理）单位要求组织的对设备单机试运转的检查项目进行的。设备单机试运转记录是由安装施工单位依据机器、设备试运转检查结果整理而成。

（2）设备强度、严密性试验记录。气柜、容器、箱罐等设备安装后，按设计要求进行强度严密性试验。设备强度、严密性试验记录是施工单位根据设计要求，在有关单位（建设、监理、设计等）参加时，对气密性设备进行强度、严密性试验结果整理而成。

（3）系统试运转调试记录。采暖系统、水处理系统、通风系统、制冷系统、净化空调系统、燃气系统、给水排水系统和发电、变电、照明、动力系统，以及各操作控制系统均应进行系统试运转及调试。各系统的试运转调试是在施工单位单机调试完成后，由建设单位组织，有关监理、施工、设计等单位参加，进行系统运行调试。施工单位负责系统调试，并根据调试情况和结论整理成系统试运转调试记录。

8. 水工构筑物功能试验

水工构筑物（如消防水池、污水处理厂的集水池、消化池、曝气池、水厂的清水池、澄清池、滤池、沉淀池等）须进行功能试验。水工构筑物功能试验一般由施工单位组织实施，设计、监理和建设单位参加，并由施工单位整理试验记录。试验记录有水池满水试验记录、消化池气密性试验记录及曝气均匀性试验记录等。

（1）水池满水试验记录。非承压管道系统和设施，如水池、水箱、卫生洁具等施工完毕后进行满水试验，并将试验结果整理成水池满水试验记录。

（2）消化池气密性试验记录。污水处理厂的消化池是一个需要密闭的构造物，因此要进行气密性试验，并将试验结果整理成消化池气密性试验记录。

（3）曝气均匀性试验记录。污水厂站工程水池池底安装曝气头或曝气器时，应做曝气均匀性试验，并将试验结果整理成曝气均匀性试验记录。

9. 电气功能性试验

电气接地、绝缘等要进行功能性试验，试验主要有接地电阻、绝缘电阻测试。

（1）电气接地电阻测试记录。电气接地电阻的测试是指设备、系统的防雷接地、工作接地、重复接地、保护接地、防静电接地、综合接地等的电阻测试。接地电阻测试是电气工程安装完毕后，必须进行的测试项目。电气接地电阻测试记录是施工单位在建设（监理）单位组织各种电气接地电阻测试的检查中，对各种电气接地电阻测试的方法、过程、结果整理而成。

（2）电气绝缘电阻测试记录。电气绝缘电阻测试是对电气设备和动力、照明线路以及其他应进行电气遥测项目的绝缘电阻测试，对配管、管内穿线按系统回路进行测试，也是电气工程安装完毕后必须进行测试的项目。电气绝缘电阻测试记录是施工单位对电气绝缘电阻的测试记录、检查测试结论整理而成。

10. 智能系统功能性检测试验

智能系统指通信网络、办公自动化、火灾报警、消防联动、安全防范、综合布线、智能化集成等系统。智能系统功能性试验检测工作是由专门的有相应资质的检测单位进行，主要是对信号传输的使用功能、运行的可靠性、安全性做出判断，并提出检测报告。智能系统需要检测的内容很多，主要介绍各个系统综合布线测试、光纤损耗测试、视频系统末端测试等项。

（1）综合布线测试记录。对建设工程智能建筑综合布线进行传输性能测试，其中包括线缆长度、衰减、串扰等数据。检测单位应根据性能测试情况和结果，填写综合布线测试记录。

（2）光纤损耗测试记录。智能建筑各系统一般采用光纤传输，光纤传输具有载量大、快速等优点，敷设后要对光纤线缆损耗进行测试，以确定其传输功能。检测单位应在测试时，将测试数据和结论填写在光纤损耗测试记录上。

（3）视频系统末端测试记录。对于建筑物引进的视频系统，对末端进行电平测试，以满足收视效果。检测单位应根据测试的视频末端电平记录数据和结论，填写视频系统末端测试记录。

11. 电梯功能性试验

电梯指的是直升梯、自动扶梯、自动人行道等。电梯功能性试验包括电梯调整试验、电梯整体功能试验、电梯试运行检测等项内容。

（1）电梯调整试验。电梯调整试验包括电梯主要功能检测、电梯电器安全装置检查、电梯层门安全装置检查、电梯轿厢平层准确度测量、电梯噪声测试等项内容。一般由电梯组装单位组织试验，建设（监理）、施工、设计等单位参加检查验收，电梯安装单位整理并出具各种电梯调整测试记录，并经监理（建设）单位签认。

1）电梯主要功能检测试验记录。电梯主要功能检测是基站、照明、通风、断电等启动、关闭、运行装置进行的检测试验，检查指令是否符合有关标准和设计要求，得出检测结论等，并将试验结果整理成电梯主要功能检测试验记录。

2）电梯电器安全装置检查试验记录。电梯电器的检测主要是对各种开关、保护装置、保护接地、安全门、检修门等项目的检测试验，各检测项目的试验方法，试验数据与规范要求相对照，得出检查结论，并将试验结果整理成电梯电器安全装置检查试验记录。

3）电梯层门安全装置检查试验记录。电梯层门安全装置检查主要是对电梯层门的开启方式、门锁装置等进行开关门时间、连锁安全触点、啮合长度、自闭功能、关门阻力、紧急开锁装置等项进行检验，得出可靠性、灵活性、安全性等结论，并将试验结果整理成电梯层门安全装置检查试验记录。

4）电梯轿厢平层准确度记录。电梯轿厢平层准确度检测，主要是电梯在额定速度上、下运行时，从起层到停层空载、满载时对平层相差尺寸进行测量，对准确度进行评定，并将试验结果整理成电梯轿厢平层准确度测量记录。

5）电梯噪声测试记录。电梯噪声测试是指电梯运行以及机房、轿厢内的轿厢门、层站门的开门、关门时的噪声数值测定，并与有关标准比较是否符合规定，将试验结果整理成电梯噪声测试记录。

（2）电梯整机功能检验记录。电梯整机功能检验是对电梯整机运行时的全面检查和验收。主要检查电梯整机在试验条件及其规范规定要求时，无故障运行、超载运行的拽引、安全钳装置、缓冲等试验进行检验和做出检验结论，并整理成电梯整机功能检验记录，经监理（建设）单位签认。

（3）电梯试运行试验。电梯试运行试验形成电梯试运行记录，包括电梯负荷运行试验记录和电梯负荷运行曲线图表。

1）电梯负荷运行试验记录。电梯负荷运行试验主要测试电梯在额定载荷、额定速度、额定转数、额定电机功率、额定电流时对在不同工况荷重和不同运行方向情况下测试电压、电流、电机转速、轿厢速度及试验结论，并整理形成《电梯负荷运行试验记录》，经监理（建设）单位签认。

2）电梯负荷运行曲线图表。电梯负荷运行曲线图表是额定载荷重量与电流之间的曲线，按上行和下行分别绘制，对平衡系数和平衡荷载进行检查。

（4）自动扶梯、自动人行道运行试验。自动扶梯、自动人行道运行试验是对整机运行的测试，根据制造厂商提供的功能全面进行运行的质量和安全检查。运行试验主要是将需要检查的内容逐项进行测试，将测试结果与规定标准、设计要求相比是否相符，得出检查结论，并形成自动扶梯（自动人行道）运行试验记录，经监理（建设）单位签认。检测的主要内容如下：

1）梯级、踏板（胶带）、梳齿板安装情况。

2）梯级、踏板（胶带）与梳齿板不发生摩擦，运行平稳。

3）噪声情况。

4）驱动装置保护、电机过载保护、速度保护的检验。

5）各种安全装置检查。

6）制动装置检查和自控装置检查。

2.1.1.11 工程质量事故处理文件的形成

凡建设工程发生重大质量问题，施工单位应按规定履行，及时向监理、建设单位以及上级主管部门报告制度，先口头报告、后书面报告，并负责严格保护现场，绘制事故现场简图、拍照、录像，做好记录等责任，同时抢救人员和财物。施工承包单位或监理、施工单位共同负责尽快组织事故处理机构，进行事故调查，原因分析，制定处理方案，并填写建设工程质量事故调（勘）查记录，编制建设工程质量事故报告。

1. 建设工程质量事故调（勘）查记录

建设工程质量事故调（勘）查记录是工程质量事故处理机构指派调查人员所做的事故现场调（勘）查笔记。调查人员是由建设单位、监理单位、施工单位和其他有关单位派员联合组成的。建设工程质量事故调（勘）查记录的基本内容如下：

（1）调（勘）查时间（年、月、日、时、分）、调查地点、参加人员、被调查人、陪同调查人（单位、姓名、职务）。

（2）调（勘）查笔录。工程名称，工程地点，被调查人对事故发生时知道、看到的基本情况，如事故发生时间、起因、现场情况、事故发生后的现场保护和抢救处理等。

（3）现场物证、照片。

（4）事故证据资料。

（5）调查人和被调查人签证。

2. 建设工程质量事故报告

建设工程质量事故报告是由工程质量事故处理机构（或临时处理班子）在工程质量事故调（勘）察基础上，根据调查、取证材料进行分析、查找原因、提出处理意见、现场处理情况和处理结果整理而成，并经参加事故处理的人员签证。建设工程质量事故报告的基本内容如下：

（1）基本情况。工程名称及地点，参建单位和工程基本情况，事故部位、发生时间、上报时间、事故性质、事故等级、经济损失、直接责任者等。

（2）事故经过、后果与原因分析。具体内容按下述要求编写：

1）事故发生时间。年、月、日、时、分。

2）事故情况。倒塌情况（整体或局部倒塌部位），损失情况（伤亡人数、工程损失程度、倒塌面积等）。

3）事故原因。设计原因（设计错误、结构不合理等）、施工原因（施工粗制滥造、违反操作规程，材料、预制构配件、设备质量低劣等）、设计及施工都存在问题，或者不可抗力等原因。

4）事故后果。经济损失（事故处理的返工、加固所需费用），工期进度影响，伤亡人数，社会影响，损失程度。

（3）事故发生后采取的措施。事故现场调（勘）查、取证、请专家查看现场，对事故进行原因分析；事故处理意见：设计和施工单位采取的技术措施、设计单位的处理方案；事故现场处理：对施工质量事故检查后所采取加固或拆除等具体措施。

（4）事故责任单位、责任人及处理意见。事故责任单位及应承担的责任；事故责任人及应承担的责任；对事故责任单位和责任人的处理意见。建设工程质量事故报告向有关部门提交时，应附建设工程质量事故调（勘）查记录。

2.1.1.12　工程质量检查验收文件的形成

建设工程项目中的单位工程完工，以及单位工程中的部位工程或配套专业系统工程完工，都要进行工程质量检查验收。检查验收一般是在施工单位自行质量检查验收评定的基础上，参与工程建设的有关单位共同对检验批、分项、分部、单位工程的质量进行抽样复查，根据国家和专业部门相关标准对工程质量是否合格予以确认。

建设工程质量检查验收项目主要有检验批质量验收、分项工程质量验收、分部工程质量验收、基础、主体结构质量验收以及各专业系统工程质量验收等。

1. 检验批质量验收记录

检验批可根据施工及质量控制、专业验收需要，按楼层、施工段、变形缝等进行划分。质量合格的检验批应符合主控项目和一般项目经抽样检验质量合格，并具有完整的施工操作依据和质量检查记录。检验批质量检验应在监理工程师或建设单位的项目专业技术负责人员监督下，由施工单位有关人员现场取样送至具有相应检查资质的检测单位进行检测。《检验批质量验收记录》是施工单位项目专业质量检查人员对检验批质量验收过程和结果记录整理而成，并由施工单位对检查结果进行评定，监理（建设）单位做出验收结论。

2. 分项工程质量验收记录

分项工程是以工种、材料、施工工艺、设备类别等进行划分，它是由一个或若干个检验批组成。分项工程质量验收合格是指本分项工程所包含的全部检验批质量均符合规定，全部检验批质量验收记录齐全完整。分项工程质量验收应由监理单位（或建设单位）组织，有关单位参加，并对验收质量文件予以签证。分项工程质量验收记录是由施工单位根据检验批质量验收记录和分项工程质量验收结果整理而成。其验收有关内容作如下说明：

（1）检验批验收记录汇总：按检验批名称及使用部位、区段，施工单位对检验批检查后做出评定意见，监理（或建设）单位做出验收结论。

（2）施工单位检查意见，由施工单位项目专业负责人签署。

（3）监理（建设）单位验收结论，由监理工程师或建设单位专业技术负责人签署。

3. 分部（子分部）工程质量验收记录

分部工程是按专业性质、建筑部位来划分，是由一个或若干个分项工程组成。当分部工程较大或技术复杂时可按材料种类、施工特点、施工程序、专业系统及类别等划分为若干个子分部工程。分部（子分部）工程质量验收应由监理（或建设）单位组织，施工单位、设计单位等有关人员参加，对各分项工程进行检查验收，并签证。须检查验收的内容有文件材料完整情况、观感质量是否符合要求等。分部（子分部）工程质量验收记录是由施工单位根据分项工程验收结果汇总而成。

4. 基础/主体结构验收记录

基础/主体结构验收是分部工程验收中与工程安全直接相关的、最重要的检查验收，应在基础和主体结构施工完成后进行。基础/主体结构验收是在施工单位组织自检合格后，由监理（或建设）单位组织，建设（监理）、施工、设计单位参加，有时也请勘察、质检等有关部门参加，对基础/主体结构质量进行验收并签证。基础/主体结构验收是先由施工单位对与基础/主体结构所有分部工程进行检查，对检查结果进行整理汇总，填写基础/主体结构验收记录报监理（或建设）单位验收，然后，监理（建设）单位根据验收记录和现场抽验结果，可整体也可分段做出结论，并报建设工程质量监督机构备案。

5. 专业工程质量验收记录

专业工程验收指的是建筑安装工程中的电气工程、建筑给水、排水及采暖工程、通风与空调工程、建筑智能化工程、电梯工程、室外工程等配套工程的验收，市政公用基础设施工程中场站工程与建筑安装工程质量验收项目相同，其他市政、公用工程根据本专业涉及的各种专业均应进行质量验收。专业质量验收后，填报专业工程质量验收记录。

各种专业工程施工任务完成后施工单位应对本专业工程进行检查，检查合格并达到要求后，报建设（监理）单位，然后由建设（监理）单位组织，监理（建设）单位、专业管理部门、设计、施工单位等参加对专业工程进行全面检查验收。专业工程质量验收记录是施工单位在对本专业工程质量进行全面验收的过程、结论等详细记录的基础上整理而成，一般按不同专业分别进行整理，形成本专业的工程质量验收记录，参加验收的单位及人员签证。专业工程质量验收记录的具体内容应根据专业不同、检查项目不同，有所侧重。举例如下：

（1）给水排水、采暖工程。应对给水、排水、消防、采暖等系统，以及管道和设施的施工质量、运转情况、安全等进行检查验收。

（2）燃气系统。要对管道和设施的施工质量、材料质量、管道强度、管道密闭等进行检查验收。

（3）电气工程。对电气动力、电气照明、不间断供电等供电线路和设备的安装质量、调试情况、系统运行情况等进行检查验收。

（4）通风与空调系统。验收内容主要是风管与配件制作、安装；空调机、风机安装质量及运转情况；风管、设备的防腐；系统的运转及安全等。

（5）智能化系统。验收主要内容包括通信网络系统、办公自动化系统、设备监控系统、火灾报警及消防联动系统、智能化集成、综合布线等的质量控制、安全检查和现场测试，以及观感质量评价等。

（6）电梯工程。验收主要内容为电梯竣工文件、各分项工程检查结果文件、安全和功能检测报告、外观质量、工作条件和环境等。

（7）建筑安装工程的室外工程质量检查基本内容。质量控制资料检查、分部分项工程质量验收、安全和使用功能试验抽样检查、观感质量检查。

2.1.2　文件收集

2.1.2.1　工程文件收集原则和要求

建设项目工程文件的收集是工程档案编制工作的一个重要环节，看起来简单，实施操作起来很复杂。所谓简单，按有关法规文件和规范规定，形成工程文件的各单位将工程文件向接收单位归档，工程档案的编制单位将归档的工程文件汇集起来就可以制作了。所谓复杂，因工程文件形成单位众多，档案观念差别大，重视程度不同；不同的建设项目工程文件的内容、要求各异；时间跨度大；工程文件的密级与保管期限又不相同等，这给采用什么方法收集、怎么收集、收集哪些内容等工作带来了不小的问题和难度。因此，应根据工程的特点和实际情况，制定适当的收集原则、收集方法和保障措施，以求使收集工作规范化。

工程文件的形成贯穿整个建设进程，因此，工程文件的收集原则和收集要求要充分体现这一特点。

2.1.2.1.1　工程文件收集原则

工程文件的收集应当遵循集中统一保管和自然形成规律的原则。

1. 集中统一保管

在工程建设过程中，各建设、设计、施工、监理等参建单位是集中形成工程文件的单位，应当由各单位档案管理部门负责，集中统一管理建设项目工程文件。在任务完成后，将形成的工程文件由集中统一管理的档案部门收集齐全、整理后向建设单位归档。这是建设项目工程文件收集工作实行集中统一管理的第一个环节。建设单位应当严格按照国家有关档案管理的规定，及时收集、整理建设项目形成的各种文件材料，建立健全工程档案管理制度，即将各参建单位归档的工程文件和建设单位自己形成和负责收集、整理的工程文件，统一由建设单位档案管理部门负责管理，工程档案编制单位根据整编原则整理立卷，编制符合规定的工程档案。这是工程文件收集工作实行集中统一管理的第二个环节。工程档案编制完成后，按规定应在工程竣工验收后 6 个月内向建设行政主管部门或其他有关部门移交建设项目档案，其中向当地城市建设档案馆（室）移交一份，实现以城市为单位对工程档案集中统一管理。这是工程文件实行集中统一管理的第三个环节。集中统一管理 3 个环节是工程义件集中统一保管原则的具体体现，也是实现编制符合规定的工程档案和按时向存档单位移交的有效办法。

2. 自然形成规律

工程文件是在工程建设过程中按照基本建设程序这个自然规律形成的，因此，工程文件的收集也应按自然规律进行。首先，参建单位负责本单位形成的工程文件的收集，各负其责。例如，建设单位负责工程准备阶段文件、竣工验收文件的收集，监理单位负责监理文件的收集，施工单位负责施工文件的收集，设计单位负责设计文件的收集，勘察单位负责勘察测绘文件的收集。其次，在实施时，应具体规定不同类型的建设项目工程文件的收集范围、归档时间、质量要求等，使收集工作更具有操作性。

工程文件的自然形成规律作为收集原则是符合文件形成的实际，既实现了集中统一管理，又保证了完整和安全。

2.1.2.1.2　工程文件收集要求

工程文件的收集，主要要做到收集要及时、数量要齐全、内容要真实。

1. 文件收集要及时

及时完成工程文件的收集是收集工作的一项最基本的要求。工程建设遵循从立项开始，直到工程竣工投入使用这样一个建设周期。在整个建设周期中工程文件是按建设程序逐渐形成的，建设程序中每阶段完成后，各单位负责档案管理的部门应当及时将本阶段形成的工程文件进行收集。当某一单位工程某一项任务完成后，也应将工程文件及时收集、集中保管，并按要求向建设单位移交。建设单位工程文件收集工作的任务：一是督促和接收形成单位移交的文件，如勘察、设计文件应在任务完成后，监理、施工文件应在工程竣工验收前；二是在工程竣工验收后的规定时间内向城建档案保管单位移交工程档案。各地城建档案馆（室）及时接收建设单位移交的工程档案，是保证工程档案整编上架和向社会提供利用的前提。及时收集在建工程项目形成的工程文件是对参与工程建设各单位，尤其是建设、施工、监理、设计、勘察等单位的基本要求。

2. 文件数量要齐全

保证工程文件的完整、齐全是贯穿收集工作始终的要求，集中体现在以下几个方面。

（1）要确定工程文件的基本内容。对于不同的建设项目，由于工程性质不同，工程规模大小不同，采用不同的建设技术等原因，所形成的工程文件的内容、数量、种类应有所不同，要根据国家规范和地方标准，确定本建设项目可能形成的工程文件的基本内容，可分为工程准备阶段文件、施工文件、竣工验收文件和竣工图，如已实行监理的工程，还应增加监理文件。基本内容中每一种文件包括哪些具体内容，形成哪些工程文件，在工程建设一开始就大体明确下来，做到心中有数。

（2）要采取工程文件登记制度。工程文件形成单位的档案管理部门或者专（兼）职档案管理人员，在工程建设过程中要对形成的各种工程文件实行登记制度，对于原件的登记更应严格，能归档时及时存档，妥善保管，无特殊需要，借阅要以复印件代替原件。在工程文件整理和移交时应依据登记进行，特别是原件更应妥善处置。

（3）要重视工程文件的鉴定。不论形成的工程文件数量多少，均应重视工程文件的初步鉴定。收集时，根据文件的重要性初步确定有无价值和初步划定保管期限，对无价值的工程文件应当剔除，对有价值的工程文件尽量将永久、长期保存的与短期保存的分开，将带有密级的文件与普通文件分开，以免鱼目混珠，影响工程文件收集的效果。

3. 文件内容要真实

在工程文件及时完整收集的同时，必须注重每一份工程文件的真实性，这是收集工作中要特别强调的。因此，在收集工作中应保证工程文件内容的真实，应注重以下几个方面。

（1）原件的收集。原始文件是档案的基本要求，因此，在收集工作中要特别注意原件的收集。注重工程文件原件的收集应从形成开始，如只有一份原件的，原件归档后，应及时复印，借阅和使用时利用复印件；如在形成时可以形成几份的，其份数应尽量满足归档要求的数量；如发现原件丢失或损坏的，在条件允许时应补上或及时修复。

（2）文件的标准化。工程文件的标准化是理顺收集工作、保证文件真实的重要环节，应加快标准化进程。目前，国家和各地对建设工程各专业形成的工程文件标准化非常重视，大部分都制定了文件标准化的文本（或表格）。例如，工程文件的结构形式、工程文件的表格、图样格式、文件材质及书写规则等。因为标准化的文件形式，更能实现工程文件内容的真实、完整，标准化的图表格式利于书写、检查、存档和计算机管理，利于利用者使用。工程文件的标准化将提高工程文件的真实性和工程文件的质量。

（3）后补文件的处置。由于种种原因，有些工程文件损坏或丢失，须进行补办。损坏的文件如能修复时应尽量修复，修复不好时要补办；丢失的文件要尽量查找，实在找不到时应补办。为保证补办文件的真实性，要由产生文件的单位承办人补办，并经产生文件单位负责人签章方为有效。对于原件损坏或丢失，有复印件时，要用复印件代替原件须经存档单位法定代表人签字并加盖单位公章后方为有效。

2.1.2.2　工程文件收集方法

工程文件收集方法应采取科学化、制度化，主要是建立制度、疏通渠道、纳入工程建设管理程序。

2.1.2.2.1　建立制度

工程文件收集的管理制度应纳入法制化轨道，目前，主要是建立工程文件收集规定、工程文件移交规定、工程文件收集监督检查规定等制度。

1. 工程文件收集规定

按照国家和地方对工程文件收集工作做出的规定、颁布的标准，对工程文件形成单位和工程档案编制单位收集工作进行了规范。

（1）工程文件形成单位。规定明确了形成单位是工程文件收集的责任单位。形成文件较多的建设单位是工程准备阶段文件和竣工验收文件收集的责任单位，施工单位是施工文件收集的责任单位，监理单位是监理文件收集的责任单位，同样设计单位是设计文件收集的责任单位，勘察单位是勘察文件收集的责任单位。对于施工、监理实行总承包制的，总承包单位负责收集汇总各分包单位形成的施工、监理文件。

（2）工程档案编制单位

规定明确了工程档案编制的责任单位是建设单位。一般做法是工程档案的编制由建设单位委托施工单位或其他有编制能力的单位（如监理单位、设计单位或其他单位）编制，建设单位负责工程文件收集、接收和工程档案编制工作的组织、监督和检查。编制单位应按工程文件整理归档规范汇集、整理，完成工程档案编制。

2. 工程文件移交规定

各形成单位收集汇总的工程文件向有关单位移交的规定，一般分为 3 个层次。

（1）分包单位向总承包单位归档。建设工程实行总承包的，各分包单位应当在承包任务完成后，将形成的工程文件收集汇总向总承包单位移交。各分包单位应当履行本分包单位形成的工程文件收集、整理后向总承包单位归档的责任。

（2）勘察、设计、施工、监理等单位向建设单位归档。勘察、设计单位在工作任务完成后，将形成的勘察、设计文件收集、整理、立卷后向建设单位归档。

施工、监理单位在工程竣工验收前，将形成的施工、监理文件收集、整理、立卷后向建设单位归档。

建设单位也应在工程竣工验收前将收集的工程准备阶段有关文件整理后，与勘察、设计文件一起组成工程准备阶段文件，并与施工文件、监理文件、竣工图一齐编制工程档案，参加工程竣工验收。

（3）建设单位向工程档案保管单位移交。工程竣工验收后，在规定时间内建设单位负责将编制合格的工程档案向建设行政管理部门、城市建设档案馆（室）和其他存档部门移交。

3. 工程文件监督、检查规定

工程文件形成后，收集的过程也是把握工程文件齐全、真实的重要环节，主要是建立监督、检查机构，制定监督、检查办法和加强收集工作的管理。

（1）建立监督、检查机构。在工程文件收集工作中，应建立监督、检查机构或委托给有关部门代行，如果工作量比较小，也可不建立机构，但应指派专门人员负责本项事务。监督、检查机构的职责就是负责督促、检查有关单位及时收集、归档形成的工程文件，并对工程文件的质量、数量实施检查，把好工程文件质量关。

（2）制定督促、检查办法。工程文件收集工作督促检查办法因建设项目会有所差别，但总的原则是不会改变的，应注意以下几点：

1）督促各参建单位成立机构或指派专（兼）职人员负责工程文件收集检查工作。

2）对收集工作进行业务指导和技术咨询。

3）检查按工程文件的内容和种类收集完成情况。

4）督促检查工程文件是否按移交时间规定及时归档，对不按规定归档或质量不合格的工程文件形成单位提出意见，限时整改。

（3）加强督促、检查管理。建设单位应负起监督检查工程文件收集工作的责任。建设工程竣工后，建设单位要督促检查各工程文件形成单位完成文件收集和归档工作。不允许遗留部分工程和部分内容的文件，不向建设单位归档。

工程文件收集工作的督促检查管理，应纳入工程建设管理，纳入工作人员的职责范围，任何参建单位和人员要坚决遵守。

2.1.2.2.2　疏通渠道

渠道畅通可以使工程文件的收集事半功倍。目前工程文件的收集渠道从理论上来说比较顺畅，只要遵守有关规定就没有问题，但应当看到，还有些外部和内部原因影响了工程文件的顺利收集。

1. 个人形成的工程文件，不按时移交或不愿意移交

工程文件不按时移交现象较为普通，如物质材料供应商的物质、器材的证明文件、说明书等，有时不能与物质、器材同时移交；已形成的工程文件放在形成人手中迟迟不归档等，这些个人问题给收集工作带来不便。

不愿意移交工程文件也大有人在，如工程设计人员不愿移交设计计算书，摄影、录像的同志不愿将拍摄的照片、录音、录像材料归档等，将文件材料散失在个人手中，给收集工作设置了障碍，会造成工程文件的不安全。

2. 由于工程纠纷，以不交工程文件作为要挟手段

建设单位与施工单位在经济上发生纠纷或者建设单位不按时偿付施工款时，施工单位不将施工文件交给建设单位作为解决纠纷、还款要挟手段，时有发生。这种现象应当在做好有关单位之间协调工作的基础上，建立相互合作，相互信任，相互理解，达到认识上的统一，特别是应认识到工程文件的作用、工程档案的重要性，提高档案意识，不能拿工程文件作为手段来达到其他目的，影响工程文件的收集和归档。

3. 技术问题阻碍了工程文件的收集

目前，工程设计采用了计算机设计，工程文件为电子文件，可直接形成电子工程档案，由于法律效力的不确定性和档案接收工作的滞后性，使电子文件收集和电子工程档案的归档处于十分不利的境地。

电子文件至今在法规上没有明确它的法律效力，工程档案保管部门因保存电子工程档案不能作为依据，而只能接收纸质（或微缩）工程档案，或纸质（或缩微）与电子工程档案同时接收。还有就是电子文件涉及的计算机设备和计算技术，在工程档案保管单位滞后现象也非常严重，包括软件系统的不规范、硬件的落后、记录介质的稳定性差。为实现全

面收集电子文件归档保存，要大力发展高新技术，在解决工程文件标准化、规范化的同时，解决电子文件接收、储存和提供利用的技术问题，是电子文件收集的当务之急。这些技术、法律上的问题，阻碍了电子工程文件（档案）的收集和归档。

2.1.2.2.3　纳入工程建设管理程序

工程文件的收集工作是与工程建设同步进行的，应理顺工程建设与工程档案之间的关系，将工程文件的收集工作纳入工程建设管理程序中，在建设工作计划、工程管理制度和检查验收等环节中具体落实。

1．列入工作计划

建设项目工程文件的各形成单位，应将工程文件收集工作列入工作计划，包括工程文件收集计划、投入的人力和资金、收集的文件内容及管理办法等，只有计划周全和具有可操作性，才能将收集工作落到实处。

（1）收集计划。各工程文件形成单位要制订收集计划，包括收集制度、收集内容、人员安排、资金投入、时间要求等。工程文件形成后，形成单位和人员应按收集计划将应归档的工程文件按规定时间和收集要求向本单位工程文件保管部门归档。

（2）保管办法。工程文件保管单位，要制定保管办法、借阅规定、保护措施等，使已收集归档的工程文件处于良好的运行状态，确保工程文件的安全。

2．文件收集应与建设同步

工程文件的收集工作应与工程建设进程同步，一般采用随时收集和集中收集相结合。随时收集是指形成的工程文件及时收集，集中保管；集中收集是指建设工程某一项工作或某一阶段工作完成后进行一次工程文件的收集，要求形成单位将这一阶段形成的工程文件初步整理、汇总后归档。工程文件收集与工程进度同步是一项具体措施，要注意形成文件各单位之间的关系，相互协调，例如总承包单位与分包单位之间、施工单位与材料供应商之间、施工单位与外协单位之间，施工单位应在某一项任务或某一阶段工作完成时，负责将各有关单位形成的与本工程相关的文件收集齐全，整理汇总，防止工程文件的散失。某一项任务或某一阶段工作是指单位工程、分部工程、或某一专业、某一施工阶段等。

3．工程文件检查验收

工程档案编制是在某一专业或某一阶段工作完成后，或在工程竣工后进行。在此之前应根据工程建设程序，形成单位将工程文件收集汇总后向编制单位集中。编制单位应检查集中来的工程文件内容和数量是否齐全、完整，把好收集工作的最后一关。

（1）文件不齐全的要责令收集责任单位补齐。工程文件不齐全时可采取向收集汇总单位收集或直接向形成单位收集相结合的办法，如设计文件不齐全，可以向形成设计文件的责任单位和责任人收集，也可直接向设计单位档案管理部门收集，同样，勘察、测绘、土地文件等工程准备阶段文件都可这样办。施工文件不全时向施工单位发出补齐通知，监理文件不全时向监理单位发补齐通知，责令补齐。竣工图不全或编绘不准确时要责令竣工图编绘单位补齐或重新绘制。

（2）个人形成的工程文件的检查。个人形成的工程文件主要有拍摄的照片、录音、录像材料等。这些工程文件一般是委托个人完成的，有的是经过加工整理，有的没有经过加工整理。要求形成文件的责任人，以工程建设大局为重向建设单位随时移交，建设单位也有义务进行收集。收集时不但要检查照片（包括底片）、录音、录像带数量和质量，而且要检查有关拍摄地点、拍摄时间、技术指标等相关材料和说明是否齐全。在工程竣工验收前工程文件收集、整理、立卷工作，除竣工验收文件外均已完成，因此工程文件的收集是建设工程建设程序的要求，也是工程竣工验收的需要。

2.1.2.3　收集工程文件的技术保障措施

为保证工程文件收集工作圆满完成，在收集的基本原则、要求、方法的基础上，应从工程文件的特点出发，结合收集工作的实践，提出相适应的技术保障措施是非常必要的。工程文件收集的技术保障措施可归纳为 12 条：工程文件集中统一保管、按基本建设程序分阶段归档、单位工程按专业收集、建设项目按单位工程性质收集、按方便施工收集、按分段施工收集、不同形式的文件同时收集、竣工图的修改与施工同步进行、保证工程文件完整的措施、确保工程文件真实的措施、明确归档文件的责任单位、对特殊建设工程项目的处理。

2.1.2.3.1　集中统一保管

由于形成工程文件的单位多，其文件的专业、性质不同，工程建设周期又比较长，特别是工程准备阶段时间一般拉得很长，为保证工程文件的齐全，及时收集，集中统一保管是一项最为有效的保障措施。集中统一保管工程文件可采用集中保管或相对一段时间集中保管两种办法。

1. 统一集中保管

统一集中保管是指档案管理部门集中保管工程文件。如工程准备阶段从立项到开工前的各项准备工作形成的报批件和批示件，以及为形成报批件而收集和积累的各种素材，这些素材是报批件的基础材料，是重要的参考资料。因此，这些工程准备阶段文件要建设单位档案管理部门及时收集，统一管理。再如工程设计文件，工程设计产生的文件有建设单位审批用的初步设计、技术设计图纸、说明，施工用的施工图纸，还有大量的结构计算书、设计概/预算书等，全部设计文件，设计单位应当指派专门人员负责本建设项目设计文件的收集和汇总，并交由设计单位档案管理部门统一保管。

2. 相对集中保管

相对集中保管指的是在向档案管理部门集中汇总前，各工程文件形成单位在一段时间内将形成的工程文件及有关资料登记造册，在一定时期内统一管理。例如，施工文件，各分包单位应当将本分包单位形成的施工文件，由档案管理人员进行收集和汇总，暂时由分包单位负责工程文件管理的部门予以保管；施工单位各专业队形成的专业施工文件，也应暂由专业队负责收集、汇总和管理；待分包单位或专业队施工任务告一段落或完成后，将收集汇总的工程文件向施工总承包单位档案管理部门归档。集中保管有利于已形成的工程文件的登记管理，有利于工程文件的使用，有利于工程文件的汇总整理，有利于工程文件的安全保管，可有效地避免丢失和散失。

2.1.2.3.2　分阶段归档

工程建设是按基本建设程序进行的，工程文件的收集也必须遵循按基本建设程序分阶段进行。一般来讲，基本建设程序中每一阶段工作完成后就应当将形成的工程文件收集归档，做到有序进行。对于建设单位应当抓住建设工程分阶段这个规律，实施工程文件收集工作。工程文件分阶段收集应注意以下问题。

1. 阶段完成时间的确定

基本建设程序分为 4 个时期 8 个阶段，应当明确认定阶段完成的标志和时间，掌握完成时间是收集的关键。可以这样认定，可行性研究报告由有关部门批准或向有关部门备案后，可认为立项阶段完成；按设计合同完成设计任务，提交了工程设计施工图，并经有关审查部门审查通过，即设计阶段完成；建设工程规划许可证、建设工程施工许可证办理完毕，即为开工审批结束；建设项目进行竣工验收即为施工阶段结束；通过工程竣工验收并向质量监督部门备案，即为竣工验收阶段完成等。各阶段完成时间确定后，就应加大对各阶段工程文件的收集力度，做出收集汇总完成时限。

2. 阶段形成工程文件的界定

阶段形成工程文件的界定有两层意思，第一层意思是对本阶段工程文件数量的确定，第二层意思是对形成的工程文件进行初步审查（鉴定）。

（1）数量的确定。数量是指本阶段应当产生工程文件的种类及数量。种类是按一般建设工程应当产生文件的类型，或者列出文件名称，根据本工程的特点，还应当列出产生的特殊文件的种类或者名称，建设工程项目在建设之初就应对工程文件种类做到心中有数。数量是指每一种类型文件的数量，对每一阶段工作结束后形成的工程文件总数进行预测，做到有备无患。

（2）初步审查。初步审查是指工程文件形成单位对工程文件重要性的审查。文件形成单位的审查，一是对本单位形成文件的审查，二是对收集来的资料的审查。形成单位对自己形成文件的审查是最有说服力的。对本阶段工作收集的有关资料的审查，看是否与本阶段有关。对本阶段形成的工程文件和收集来的资料进行价值初步鉴定后，对有保存价值的工程文件进行收集、整理和归档，无价值的剔除。例如，设计基础资料，有关土地、勘察、测绘等文件，如形成单位已直接移交给建设单位，设计单位就不必再同设计文件一起移交。

2.1.2.3.3　按专业收集

工程文件有很强的专业性质，在收集工作中要重视其专业特性，将工程文件按专业分类、按专业汇集、同一专业按不同内容分开和按单位工程收集。

1. 按专业分类

工程文件形成后按专业分类，从收集时就应重视这个问题。如设计阶段形成的工程文件，属于设计基础材料的勘察、测绘、土地等文件按其专业分类，设计时形成的初步设计、技术设计和施工图设计应按设计阶段分开，使设计文件一目了然；再如建筑安装工程施工文件多而乱，如能在收集时按专业分类就显得清晰多了，可按土建、电气、给水排水、采暖、通风空调、建筑智能化、电梯等专业分类；再如竣工图，可按设计施工图的序列进行专业图分类，利于竣工图的编绘，也能与施工图互相参照。

2. 按专业汇集

按专业分类后，其收集工作就应按专业进行。在建设项目承包时，一个专业可能有几个承包单位，在这种情况下，要注意总承包单位承担各分包单位工程文件的收集和汇总工作。如某一立交桥工程，有主桥、铺桥、引桥和各种设施，有若干个施工单位参加施工，其总承包单位应负责把各分包单位形成的工程文件按项目、按专业收集和汇总，如主桥可按基础、结构、路面等专业进行。再如建筑安装工程的智能建筑，由于包含着很多专业系统，可能线路铺设、系统安装由不同施工单位施工，总承包单位应负责按各专业系统收集工程文件并统一进行汇总，完成按专业收集和汇总的目的。

3. 按文件不同内容分开

将汇集起来的同一专业不同内容的工程文件按文件的性质予以分开。例如，土建专业可分为地基与基础，主体结构，建筑装饰装修，建筑屋面等分部工程，应按分部工程将工程文件分开；再如管线工程可按沟槽开挖、管线敷设、沟槽回填、测量等施工步骤（内容）将工程文件分开，即使是同一内容的文件也应按形成时间先后顺序排列，既便于管理、使用，又便于将来工程档案的编制。

4. 按单位工程收集

建设项目由一个或者多个单位工程组成时，工程档案立卷是以单位工程为基本组卷单位，同样，在工程文件收集时应遵循按单位工程收集的原则，即工程文件在收集时一定严格按单位工程分开，尤其几个单位工程同时施工时，更要特别注意。

一个建设项目有时因工程性质、方便施工、分段施工等人为的原因，将一个建设工程分成若干个事实的单位工程，在管线、道路等工程施工中经常遇到，此时，一般按事实的单位工程进行工程文件的收集。

2.1.2.3.4　按工程性质收集

建筑安装工程可按工程性质不同划分单位工程。例如，建筑安装工程室外工程中，根据性质不同，将附属建筑（车棚、围墙、大门、挡土墙、垃圾站等）和室外环境（建筑小品、道路、亭台、走廊、花坛、草坪、绿地等）定为室外建筑环境单位工程；室外给水排水系统、采暖系统、室外供电系统、照明系统，室外有线电视、宽带网、通信系统等定为室外安装单位工程。要注意工程文件收集时一定按单位工程分开，但也应注意到单位工程之间的紧密联系，对一个建设项目来说，要考虑单位工程之间的有机联系。

2.1.2.3.5　按方便施工收集

为施工方便划分单位工程是经常遇到的一种现象。例如，在建筑安装工程中，地面上有若干栋建筑物，而地下部分是连在一起的，施工时，地下部分一起施工，地面上的建筑物分单个工程进行施工，此时为施工和工程文件收集方便，把地下部分作为一个单位工程，地上每一栋建筑物为一个单位工程。又如在市政工程中，几种管线同时施工，共用一个沟槽，此时，为施工和工程文件收集方便，将沟槽构筑物作为一个单位工程，每一种管线各为一个单位工程。应注意到为方便施工，按施工任务划分单位工程的项目，要按划分的单位工程分别收集工程文件，而那些共同具有的工程文件应集中收集。

2.1.2.3.6　按分段施工收集

由于工程大或战线长，将一个建设项目分成若干段（部分）施工，并由不同施工单位承包，这种现象在道路工程中最为普遍。为不破坏工程分段施工的实际，可按施工单位承包的施工段进行单位工程的划分。施工单位收集本施工段形成的工程文件，并按分段施工划定的单位工程进行工程文件的汇总。这样，既减少了按整个建设项目工程文件汇总整理的麻烦，也不损害工程文件的完整性。但要注意分段收集工程文件缺少建设项目准备阶段等文件材料，此时建设单位应负责收集整理与建设项目除施工阶段产生的工程文件外的文件，保证工程文件的完整性。

2.1.2.3.7　不同形式材料同时收集

构成工程档案的材料形式多样，因此，建设工程文件和其他形式的材料应同时收集，主要有纸质材料、感光材料、磁记录材料和电子文件以及模型和实物。

1. 不同形式材料

（1）纸质材料。纸质材料有文件和图纸，它是工程文件的主体。

（2）感光材料。感光材料指的是胶片、相片和有关说明。说明是有关照片的说明，包括拍摄位置、内容、拍照时间、作者、拍摄时的技术指标等文字材料。胶片、相片和有关说明相辅相成，缺一不可。

（3）磁记录材料。工程文件磁记录材料指的是磁盘、磁带，录像、录音材料直接记录在磁盘、磁带上。磁记录材料包括原始和编辑过的磁盘、磁带以及文字说明。文字说明为录音的文字记录，录像带的文字说明，以及所记录建设项目的名称、制作者、制作时间、技术指标等，记录介质和文字说明同等重要。

（4）电子文件。目前电子文件是记录在光盘或软盘上，电子工程档案一般是记录在光盘上。记录在光盘上的电子文件依赖于电子计算机及其相应的软件，所以记录在光盘上的电子文件与记录或输出电子文件的软件和应用软件（通用的除外）不可或缺。

（5）模型和实物。模型是建（构）筑物形象记录方式。在工程报批时，一般要有主建（构）筑物模型参与审查，工程竣工后，制作完整的工程模型展示。模型是工程档案的一部分，有时部分有价值的实物也需要保存，这是工程档案的特色。

2. 同时收集的理由

（1）各种形式的材料都是建设工程的真实记录。由于各种形式的材料都是从某一个角度对建设工程项目建设过程的记录，纸质文件是全过程的文字记录，录音录像、照片是形象记录，模型和实物是实体记录，各有自己记录优势的一面，是相互配套、不可代替的。

（2）各种载体的工程档案相互补充。工程档案中大多数为纸质材料的工程档案，目前还有微缩品工程档案、电子工程档案等，它们各有其特点。纸质材料保存时间有限，容易变质和老化；微缩品工程档案保存时间长，还能复制，可解决长期存储问题；电子工程档案目前无法律效力的规定，但它存储在光盘上信息量大，查找方便，便于利用，因此说它们可相互补充，相得益彰。

因此，不同形式的工程文件均要同时进行收集，无论哪种形式的原始材料均要收集齐全，不能马虎。

2.1.2.3.8　竣工图的编绘应与施工同步

由于使用功能改变、设计问题、施工技术、现场施工条件等原因须对施工图进行修改，这种改变是以设计变更，工程洽商记录等文件在施工前一般由设计单位下达的。施工单位按改变后的施工图进行施工。根据施工图纸和修改依据，编绘竣工图。编绘竣工图，按目前惯例，一般由施工单位来完成，如果由其他有编绘能力的单位编绘，其编绘人员也应努力熟悉现场。编绘竣工图的最佳时间应当在施工完成后马上进行，随着施工的进程逐渐完成竣工图的编绘，即竣工图的编绘与施工同步进行。同步进行的优点可以归纳为：一是保证编绘的准确，因施工后马上编绘，记忆清楚，能正确修改，做到符合实际；二是保证修改时间，修改在施工过程中完成，把大量的编绘工作量划分到整个施工过程中；三是能保证参加工程建设的技术人员亲自参与编绘，这能保证竣工图的质量。同时，可以避免几个方面的问题：

（1）避免了当某一部分施工任务完成后，施工方撤离现场，而竣工图无人编绘。

参加施工的技术人员在工程施工完成后离开现场投入到其他工程施工，再无暇顾及竣工图的编绘，是非常普遍的现象，如不熟悉现场的施工技术人员编绘，肯定给编绘工作带来困难，要达到编绘竣工图质量要求必然花费更多的时间和气力。

（2）避免了建设工程施工结束后，竣工图的编绘成为制约工程档案按时移交的障碍。

经验告诉我们，工程档案编制工作中，竣工图编绘是一项控制环节，如果竣工图的编绘在施工过程中完成，可以缩短工程档案的编制时间，这也能为工程档案按时移交打下良好基础。

（3）避免了编制单位重新编绘竣工图的工作量。

施工图补充和修改的内容较多，其中某一张或几张图纸须重新绘制，此时可与设计单位商量，由设计单位绘制施工修改图，将补充和修改的内容在修改图上改绘完成，减少了编制单位重新绘制竣工图的工作量。

2.1.2.3.9　保证工程文件完整的措施

工程档案是由工程准备阶段文件、监理文件、施工文件、竣工验收文件和竣工图等一套工程文件和图纸汇集而成，这些内容是互为依存，不可分割的。保证工程档案的完整，工程文件收集是关键。在有关城建档案法规、规范中，对城建档案馆（室）接收的工程档案的标准做了规定，工程文件形成单位、工程档案编制单位应当严格遵守。保证工程文件完整的措施是抓住工程文件形成的规律、制定收集制度和提高认识等内容。

1. 遵守工程文件形成的规律

工程文件形成的自然规律就是依照基本建设程序，应按程序将各阶段形成的文件收集齐全。例如，工程准备阶段的立项工程文件的收集，立项文件是由建设单位经办的，有请示、报告、有关部门的批复、指示。在收集时要抓住文件形成的这一规律，从提出项目建议书（建设单位）到对项目建议书的批复意见（有关部门）；从可行性研究、形成的可行性研究报告（建设单位或建设单位委托有关单位完成）到可行性研究报告备案或有关计划管理部门的批复意见，同意（备案）后建设项目正式立项。文件的收集是以项目建议书和可行性研究报告为主线，按文件形成规律为线索。建设项目酝酿时形成的文件材料，到提出项目建议书的编写上报，领导部门的意见、批复，构成了项目建议书阶段的工程文件；可行性研究报告及其附件形成时所进行的可行性研究，收集的有关资料，产生的有关文件，到可行性研究报告上报或备案，有关领导或行政机关的批示，构成了可行性研究阶段的全部工程文件。遵照这样的规律，应形成的工程文件内容就一目了然，并可列出目录，按目录收集，足以保证工程文件的完整性，避免工程文件的遗漏。

2. 收集和归档同时进行

工程文件的收集和定期向接收单位归档，是保证工程文件完整的一个重要手段，收集和归档同时进行更能确保工程文件收集齐全。下面以施工文件为例进行说明。

在总包和分包之间，承包单位与各施工队之间，收集和归档同时进行，是保证施工文件齐全的一项很好的收集办法。具体做法是：首先应制定有关工程文件收集归档的规定，总包单位应制定各分包单位、各施工队产生的工程文件归档的内容和时限要求，并按时限向他们发出收集要求；分包单位或各施工队应将产生的工程文件及时登记、汇总，按有关规定和时限要求向总包或承包单位归档。其次，对汇总的施工文件进行检查，使应收集的文件和归档文件内容一致，可做到相互验证，尤其要重视专业施工队进场施工完成后便撤离现场这一实际情况，事先应按收集和归档规定，明确双方责任，及时完成收集和归档。第三，在实践中由于收集工作抓得不紧，而发生某些文件不能收集上来，要避免这种情况的发生，须增强人们对（包括形成人员和档案管理人员）工程文件收集和归档的意识。

3. 成套工程文件不能人为分开

从工程立项到工程竣工验收形成的全部工程文件是完整的一套，人为将其分开是一种错误的思想和做法。目前有的人认为工程档案中有关报批和批示等文件是文书档案，应当从工程档案中分离出去，这种认识是错误的，它破坏了工程文件的完整性。其原因有二：

（1）从立项到竣工全部工程文件是不可分割的整体。科技档案的一个重要特性就是档案的成套性，工程档案是科技档案成套性突出的代表，因工程文件反映了建设工程项目的成因、建设过程和结果，成因、过程和结果是一个整体，不能人为分割。

（2）工程档案的内容符合自然形成规律，不能破坏它的完整性。工程文件是按基本建设程序产生，符合建设规律的，是工程建设的科技成果，目的是为城市规划、建设、管理服务。建设工程按规律形成的工程文件，要保持其完整性，当然也包括工程文件的完整性，这样才能充分发挥工程文件的作用，随时全方位地为用户服务。不完整的工程文件，难以满足广大用户需求。城市建设需要工程文件，保证工程文件的完整，保持它的自然规律是城市建设的需要。

4. 工程文件存档内容应根据需要而定

遵循工程档案分级管理的原则和工程文件重要性的不同，建设单位、市城建档案馆（室）等单位保存的工程档案的内容是有所区别的。在不违背完整性原则的基础上，建设单位应当保存整套工程文件，凡有价值的工程文件均应保存，包括永久、长期和短期；市城建档案馆（室）应当保存永久和长期的工程文件，就是在永久和长期保存的文件中，应把与结构安全、工程寿命关系密切的文件和与结构安全、工程寿命关系不大的工程文件分开，后一部分也可以不保存；其他存档单位主要保存自己形成的有保存价值的工程文件，这与人为地把工程文件分割开来是根本不同的。

2.1.2.3.10 确保工程文件真实的措施

由于某些工程文件可能存在不真实性，有人就对工程档案的真实性产生了怀疑。怀疑工程文件不真实的理由有：形成的工程文件丢失，过后补的；归档的工程文件非原件而是复印件；各种文件未经整理，互相混杂，难以分辨；有些文件质量差，字迹不清、图样模糊；有些文件内容不完整等，这给收集的工程文件是否真实打了问号。为确保工程文件的真实性，应采取必要的管理措施。

1. 工程文件的检查

档案管理部门或收集人员要对收集来的工程文件进行严格检查。检查时要注意：是否是本工程的工程文件，不能张冠李戴，在多个单位工程同时施工时要特别注意；是否有质量问题，工程文件的种类和数量是否齐全、记录文件的质地、纸张规格、字迹、绘图等是否符合要求，不能有破损、丢页等现象；签证是否齐全，各有关单位和责任人签证应按规定签章完整，日期准确，防止代签等。

2. 对形成者的要求

工程文件的形成者是保证工程文件真实的第一责任人。为确保真实，在工程文件收集时：一是要提出明确要求，不能是内容不全的，更不能是伪造的；二是要在工程建设中直接形成的，文件内容、格式应符合各专业规范的规定和要求；三是在移交和归档时，要按规定办理移交手续，双方责任人签名，以示对所移交文件负责。

3. 原件归档

原件归档在工程文件形成时就应考虑到，要采取相应的措施予以满足。

（1）原件只有一份时。这份原件应妥为保存并归档在一套工程档案中，而其他档案用复印件代替，复印件存档时应注明原件存放在哪里，以备需要时查找。在工程准备阶段文件中此种情况较多。

（2）原件可以制作多份时。如果原件能制作几份，可根据存档的需要按需制作，使每套工程档案中均为原件。如监理文件、施工文件可以一次制作多份原件。

（3）竣工图必须是原件。竣工图的编绘是在施工过程或工程竣工后完成的，各套工程档案中必须是原件，尤其是利用施工蓝图修改的竣工图一定要是直接在施工蓝图上改绘的图纸，不得使用改绘竣工图的复印件。

4. 后补文件

遗漏、遗失、破损的工程文件需要补齐。在后补的工程文件中往往存在着诸多不真实的现象，应采取严格和有效的检查措施，以防造假。

（1）遗漏的文件。如在收集时发现缺少某些文件，造成缺少的原因可能是没有形成，也可能没有收集上来，对这些遗漏的文件要采取：及早催促有关单位补齐，存在个人手中的应催促尽快归档，借出未归还尽快督促借阅者归还等，如形成者没有形成，应搞清没形成的原因。这种后补文件的真实性往往难以保证，应进行严格检查。

（2）丢失的文件。在文件运行过程中，某一文件丢失，或由于某种原因找不到了，此时，收集人员或委托有关人员尽快与工程文件形成单位或人员联系补办。如形成人员有原件，最好将原件收集归档，如无原件，应请形成单位或有关人员出具证明文件。丢失的文件非常重要时，要请求有关单位协助予以解决。

（3）破损的文件。工程文件由于遭到破坏，缺少一些内容，或字迹不清、图面模糊等质量问题，缺少内容应尽量找形成单位将内容补齐并出具证明文件，如由于字迹不清、图面模糊等质量问题，要求形成单位重新出具相同内容的文件，使破损文件的损失降到最低。

2.1.2.3.11　明确工程文件收集的责任单位

负责工程文件收集的单位应当明确收集的范围、内容，做到责任明确，任务清楚。工程建设过程中主要负责工程文件收集的单位，有建设单位、施工单位、监理单位、设计单位、勘察单位以及负责规划、建设、管理的有关部门。

1. 建设单位

建设单位是建设项目工程文件收集工作的组织者和实施者。

(1) 组织。组织指的是对工程文件的收集工作提出有关规定和要求,如收集内容、收集方法、归档时限等,可以列入与有关单位签订的承包合同中,也可以采取发通知、通告等方式告知,并在实施过程中进行督促和检查。

(2) 收集。收集指的是建设单位对工程准备阶段文件、竣工验收文件的收集工作,以及施工文件、监理文件、竣工图归档时,对归档工程文件的检查和接收。

2. 施工单位

施工单位是工程文件中施工文件和竣工图的收集单位,并负责将收集的工程文件整理汇总后向建设单位移交。施工单位收集工程文件的主要任务如下:

(1) 施工各分包单位(或施工队)是施工文件主要形成者,也是工程文件的收集单位,负责将自己形成的工程文件收集齐全汇总后向总承包单位归档。

(2) 施工总承包单位接收各分包单位和各施工队归档的工程文件,整理汇总后负责向建设单位(或工程档案编制单位)移交。

(3) 工程承包单位是几家时,各承包单位将承包工程形成的工程文件收集齐全汇总后,分别向建设单位(或工程档案编制单位)移交。

3. 监理单位

监理单位是施工(设计、勘察)阶段工程施工(设计、勘察)质量、进度和造价的监督管理部门,负责收集各种监理文件,并汇集整理后向建设单位(或工程档案编制单位)移交。

监理单位如接受建设单位委托,可承担工程文件收集的组织、监督和工程档案编制工作的检查责任。

4. 其他单位

(1) 设计单位负责初步设计、技术设计、施工图设计文件和图纸的收集、汇总,按合同规定时限和要求向建设单位移交。

(2) 勘察单位负责勘察测绘文件的收集、汇总,并按合同规定的要求和时限向建设单位移交。

(3) 规划、建设、管理等与工程建设有关的部门也是建设项目工程文件形成单位,应将与本建设项目有关的工程文件及时转发建设单位。

2.1.2.3.12 对特殊工程项目的处理

目前,有些特殊的工程项目应引起重视。特殊的工程项目归纳起来有协作项目、转移项目、停缓建项目、改扩建项目、作废项目,因其工程性质特殊,对不同工程项目采取不同的办法,可视具体情况而定。

1. 协作项目

协作项目是指一个建设项目由几个建设单位合资兴建。如一个建设项目有几家投资、一栋建筑物由几家使用单位合建、一条地下管线有多个用户集资建设等,其特点就是一个工程由几家投资方联合组成建设单位,建成后由几家共有或者分块进行管理,这样的工程应特别注意工程文件的收集和管理工作。

（1）建立组织和制定相应的制度

参建各单位在组建建设单位项目经理部时，应设立工程档案的管理机构，落实工作人员。在落实机构和人员的同时，要制定出工程文件的收集、归档管理制度和具体要求，并发给各建设、监理、施工、设计、勘察等单位执行。

（2）集中管理工程文件

协作项目要做好各参建单位关于工程文件收集的协调管理工作。不管是哪一个投资方产生的工程文件都应交建设项目经理统一管理，任何单位和个人均不得为本单位的利益将工程文件据为己有。

（3）善始善终不留后患

协作项目在工程建设开始阶段各单位都比较重视，工程文件收集工作比较顺畅，一旦到了建设后期，尤其工程施工完成，投入使用，此时，各回各家，工程档案工作就无人过问。工程文件的收集贯穿整个建设过程，要有始有终，不能只见建设实物，而不见工程技术成果。尤其是地下管线工程只要修通，投入使用，联建各方就各奔东西，没有人再管工程档案的事情，只能善始不能善终，给工程留下难以弥补的后患。

2．转移项目

转移项目是指建设项目在建设过程中，整个建设项目或部分建设项目的建设单位变换，就是建设项目易主；或者是设计单位变换、施工单位变换、监理单位变换等改变。无论哪种情况，都存在着前一个建设单位、设计单位、施工单位、监理单位产生的各种工程文件随着单位的变换都有向下一个建设单位、设计单位、施工单位、监理单位移交的问题。在这种情况下，工程文件的收集工作应当做到以下几点。

（1）工程文件的移交。在工程文件移交时，应将变更前已产生的工程文件全部收集齐全并办理移交，原单位不能以任何理由和借口拒绝移交全部或部分文件。

（2）特殊工程文件的收集移交。特殊的工程文件收集移交指的是暂存在个人手中的工程文件和声像材料的收集移交。原单位应当负责将暂时由个人保管的工程文件、照相、录音、录像等材料的收集，与其他工程文件一齐整理汇总后办理移交。

3．停缓建项目

停缓建项目是指由于某些原因，使已筹建或已开工的建设项目停建或者缓建。筹建暂停或工程项目建设到某一程度时停止施工，此时都已形成了一些或很多工程文件。目前规范规定：筹建时期停止筹建，将形成的工程准备阶段文件，施工阶段停止建设，将形成的工程准备阶段文件、施工文件、监理文件，收集齐全、妥善保管。

（1）停建项目。正在筹建或已开工的建设项目，在停建前产生的工程文件，应收集齐全并整理归档，由建设单位保存，以备查阅。如不再建设，形成的工程文件经鉴定可以销毁。

（2）缓建项目。缓建项目是目前暂停建设，待条件成熟时再继续进行建设。为防止继续建设时建设单位、施工单位等变化，应将已形成的工程文件收集整理后由建设单位保存。待本工程重新启动时，将已形成的工程文件与新形成的工程文件一齐归档。

4．改扩建项目

在城市建设中，因改变使用性质、加固、增加使用功能等，对原建筑物或构筑物进行改建、扩建，这样的改扩建项目大量存在。改扩建项目的基础技术文件是原建设项目的工程档案。工程改扩建时形成的工程文件应与原建设项目工程档案一起构成完整、真实的改扩建项目的工程档案。

（1）完整。为保证改扩建项目工程档案的完整，一般在原工程档案中要补充改扩建时新形成的工程文件。具体做法是改扩建形成的工程文件收集整理立卷后，作为原工程档案的补充。

（2）真实。改扩建项目工程档案要保证真实，就要对原工程档案中改扩建后作废的部分文件，应当在工程档案中剔除。具体做法是，用新形成的工程文件代替原工程档案中作废的文件。

5. 作废项目

作废项目是指拆除的建（构）筑物和废弃的地下管线工程。对作废项目的工程文件收集处理方法：

（1）拆除的地面建（构）筑物。对于拆除的地面建（构）筑物，原建设单位（或拆除责任部门）应当将拆除和拆除过程中的文件收集齐全后报原工程档案保管部门和城市地理信息管理部门。城市地理信息管理部门对拆除的工程应在城市地理信息系统中清除。

（2）作废的地下管线工程。对于作废的地下管线工程，地下管线管理部门应将有关作废的文件收集整理后，报原工程档案保存单位和城市地理信息管理单位，城市地理信息管理单位在城市地理信息系统中及时标注，以保证城市地理信息系统的动态平衡。

任务 2.2　施工资料整理与查验

学习目标

知识目标：能陈述施工资料的内容和整理的方法，能陈述施工资料查验的内容与方法。

能力目标：能在具有一定复杂的工程项目中正确梳理工程文件，并对收集资料能正确鉴别内容的正确性及完整性。

施工资料是施工技术管理、质量管理的重要组成部分，是对工程进行竣工验收、检查、维修、管理、使用、改建的重要依据。施工资料全面反映了工程的质量状况。本部分任务主要包括工程施工管理资料、工程质量保证资料、工程施工质量验收资料、工程安全和功能检验资料等整理。

2.2.1　工程开工报审表

开工报审表是建设单位与施工单位共同履行基本建设程序的证明文件，是施工单位承建单位工程施工工期的证明文件。施工单位在开工前，对工程是否满足开工条件进行检查，若符合以下条件，则可向监理单位提出开工申请。

（1）政府主管部门已颁发施工许可证。

（2）征地拆迁工作能满足工程进度的需要。

（3）施工图纸及有关设计文件已齐备。

（4）施工组织设计已经通过监理单位审定，并经该项目的总监理工程师签字批准。

（5）施工场地、道路、水、电、通信、施工设备及施工材料已可以满足开工要求，地下障碍物已清理或查明。

（6）测量控制桩已经监理单位复查合格。

（7）施工、管理人员已按计划到位，项目质量、技术管理的组织机构和管理制度已经建立。

（8）专职管理人员（质检员、技术员等）和特种作业人员（起重工、电焊工等）已取得有效上岗证件。

1. 资料表式

资料表式如下。

单位工程开工申请单

工程承建单位：　　　　　　　　　　　　　　　　　　　　　　合同编号：No.

致工程监理单位： 　　鉴于本申请书申报单位工程的施工组织设计已经完成，施工设备已经基本调集进场，人员以及施工组织已经到位，开工条件业已具备。申请本单位工程开工，以便进行施工准备，促使首批开工的分部（分项）工程项目早日开工。 　　承建单位：　　　　　　　　　　　项目经理： 　　　　　　　　　　　　　　　　　　申报日期：　　　年　月　日		
承建 单位 申报 记录	申请开工单位工程名称或编码	
	合同工期目标	
	计划施工时段	自　　年　月　日至　　年　月　日
	计划首批开工分部、分项工程项目名称或编码	
附件 目录	□施工组织设计 □控制性施工进度计划 □进场施工设备表 □施工组织及人员计划 □质量和安全保证体系	监理 机构 签收 记录	开工指令于申报文件通过审议后专文发送。 签收人： 签收日期：　　年　月　日

说明：本表由承建单位报送 5 份，监理部签署意见后，监理部留 2 份，返回承建单位 3 份备查和存档。

2. 资料要求

（1）开工报审表一般由施工单位填写，报监理单位审批。如果由建设单位直接分包的工程，开工时也要填写开工报审表。

（2）施工单位应签章（与施工合同中签章一致），并由项目经理（与施工合同中一致）签字，然后报该监理单位进行审批。

（3）监理单位收到施工单位的工程开工报审表后，应对施工单位的开工准备情况进行逐一审查，如经监理单位审查，符合开工条件，由监理单位总监理工程师签字、加盖公章后即可开工。工期应以此批准日期起计算。

2.2.2　施工组织设计（施工方案）

施工组织设计是指施工单位开工前为工程所做的施工组织、施工工艺、施工计划等方面的设计，是指导拟建工程全过程中各项活动的技术、经济和组织的综合性文件。

1. 施工组织设计的主要内容

（1）工程概况和工程特点。建设地点、工程名称、工程性质、结构形式、建筑面积、投资、施工条件、工作量以及主要分项工程量，交付生产、使用的期限。

（2）施工准备工作计划。是根据施工部署和施工方案的要求及施工总进度计划的安排编制的，主要内容为：熟悉与会审图纸、编制施工组织设计和施工预算、新技术项目的试验申请，测量放线、土地征用、居民拆迁和拆除障碍物、场地平整、临时道路和临时供水供电及供热等管线的敷设、进行计划和技术交底、组织施工机具和材料及半成品等进场等。

（3）施工部署及相应的技术组织措施。即为全局性的施工总规划，根据工期要求和机械设备、材料、劳动力的供应情况以及当地条件和环境因素等合理确定施工顺序，合理确定主要分部、分项的施工方法，合理划分检验批。落实各项管理人员和施工质量，安全措施，积极推广新工艺、新技术等。

（4）主要施工方法及各项资源需要量计划。根据工程特点，确定主要施工方法：根据工程预算、定额和施工进度计划，合理确定材料、劳动力、机具设备、构件半成品需要计划，保证工程进度按计划实施。

（5）工程质量、进度保证措施。

（6）施工总进度计划。是根据施工部署和施工方案合理定出各主要建筑物的施工期限及其相互衔接或对穿插配合情况作出安排，合理划分施工流水段，对编制的进度计划表，应及时进行检查和调整。

（7）施工总平面图。施工平面图是施工组织设计的主要组成内容之一，它是把建设区域内的建筑物、构筑物以及施工现场的材料仓库、道路运输、给水、排水、供电、测量基准点等分别绘制在建筑总平面图以及规划和布置图。

2. 要求说明

（1）施工组织设计或实施方案内容应齐全，步骤清晰，层次分明。

（2）反映工程特点，有保证工程质量的技术措施。

（3）编制及时，必须在工程开工前编制并报审完成，没有或不及时编制单化工程施工组织设计的，为不符合要求。

（4）参编人员应在"会签表"上签字，交项目经理签署意见并在会签表上签字，经报审同意后执行并进行下发交底。

2.2.3　施工现场质量管理检查记录

施工现场质量检查记录是施工单位在工程开工前向监理机构提出对有关制度、技术组织与管理等进行检查和确认的记录。施工现场质量检查记录是健全的质量管理体系的具体要求。

1. 主要内容

（1）现场管理制度。主要是图纸会审、设计交底、技术交底、施工组织设计编制审批程序、工序交接、质量检查奖惩制度、质量例会制度及质量问题处理制度等。

（2）质量责任人的分工。检查质量负责人的分工，各项质量责任的落实规定，定期检查及有关人员奖罚制度等。

（3）主要专业工种操作上岗证书。如测量工、焊工、架子工、垂直运输司机等建筑结构工种。

（4）专业分包应有相应的资质。在有分包的情况下，总施工单位应有管理分包单位的制度，主要是质量、技术的管理制度。

（5）施工图审查情况。主要看建设行政主管部门出具的施工图审查批准书及审查机构出具的审查报告。

（6）地质勘察资料。是指有勘察资质的单位出具的正式地质勘察报告。

（7）施工组织设计及审批。是指检查编写内容、有针对性的具体措施，编制程序、内容，有编制、审核、批准单位，并有贯彻执行的措施。

（8）施工技术标准。是保证工程质量的基础和操作的依据，施工单位应编制不低于国家质量验收规范的操作规程和企业标准。要有批准程序，由企业的总工程师、技术委员会负责人审查批准，有批准日期、执行日期、企业标准编号及标准名称。可作为培训工人、技术交底和施工操作的主要依据，也是进行质量检查评定的标准。

（9）工程质量检验制度。包括3个方面的检查：一是原材料、设备的进场检验制度；二是施工过程的试验报告；三是竣工后的抽查检测，应专门制订抽测项目、抽测时间等计划。为使监理、建设单位都做到心中有数，可以单独做一个计划，也可以在施工组织设计中列出此项内容。

（10）搅拌站及计量设施。主要是现场的计量设施管理制度及其精确度的控制措施，预拌混凝土或安装专业没有此项内容。

（11）现场材料、设备存放与管理。是为保证材料、设备质量的必备措施，要根据材料、设备的性能制定管理制度，建立相应的库房等。

2.资料要求

（1）表列项目，内容必须填写完整。

（2）工程名称应填写工程的全称，与合同或招投标文件中的工程名称一致，建设、设计、监理单位的名称也应与合同签章上的单位名称相同，各单位有关负责人必须签字。

（3）应填写施工单位的施工许可证号。

（4）检查结论应填写"现场管理制度完整"或"现场管理制度基本完整"（指有制度但不完善，如缺少企业标准或措施不全面等）。由总监理工程师填写，签字有效。达不到以上条件不允许施工。施工单位应限期整改。

（5）表头部分可统一填写，所需具体人员签名，只是明确负责人地位。

2.2.4　技术交底记录

技术交底是施工企业进行技术、质量管理的一项重要环节，是把设计要求、施工措施、安全生产贯彻到基层的一项管理办法。

1.主要内容

（1）图纸交底。包括工程的设计要求，地基基础、主要结构和建筑上的特点、构造做法与要求，抗震处理，设计图纸的轴线、标高、尺寸、预留孔洞、预埋件等具体事项，砂浆、混凝土、砖等材料和强度要求和使用功能，要做到掌握设计关键，认真按图施工。

（2）施工组织设计交底。将施工组织设计的全部内容向施工人员交代，主要包括工程特点、施工部署、施工方法、操作规程、施工程序及进度、任务划分、劳动力安排、平面布置、工序搭接、施工工期、质量标准及各项管理措施。

（3）设计变更和工程洽商交底。在工程施工过程中，由于图纸本身差错或图纸与实际情况不符，或由于材料、施工条件发生变化等原因，会对图纸的部分内容作出修改。为避免在施工中发生差错，必须对设计变更、洽商记录或对其他形式的图纸变动文件（如图纸会审、设计补充说明通知等）向管理工作人员做统一说明，进行交底。

（4）分项工程技术交底。分项工程技术交底是各级技术交底的关键，应在各分项工程施工前进行。主要内容为施工准备、操作工艺、技术安全措施、质量标准，新技术工程的特殊要求、劳动定额、材料消耗等。

（5）安全交底。必须实行逐级安全技术交底，纵向延伸到班组全体作业人员。主要包括本工程项目的施工作业特点和危险点，针对危险点的具体预防措施，应注意的安全事项，相应的安全操作规程和标准。发生事故后应及时采取的避难和急救措施。

2．资料要求

（1）按设计图纸要求，严格执行施工验收规范要求及安全技术措施。

（2）结合本工程的实际情况及特点，提出切实可行的新技术、新方法，交底应清楚明确。

（3）签章齐全，责任制明确。没有各级人员的签章为无效。

（4）技术交底书要符合要求，按施工图设计要求详细填写，并逐一列出，交底内容齐全、交底时间及时为正确；没有技术交底资料或后补为补正确。

（5）交底技术负责人、交底人、接收人均应有本人签字，只有当签字齐全后方可生效，许发至施工班组。

2.2.5　施工日志

施工日志是施工过程中，由管理人员对有关工程施工、技术管理、质量管理活动及其效果逐日作出的具有连续完整性的记录。施工日志从开工持续到竣工，贯穿整个施工过程。

1．主要内容

（1）工程施工准备工作的记录，包括现场准备、施工组织设计学习、技术交底的重要内容及交底的人员、日期、施工图纸中的关键部位等重要问题等。

（2）进入施工以后对班组抽检活动的开展情况及其效果，组织互检和交接检的情况及效果，施工组织设计及技术交底的执行情况及效果的记录和分析。

（3）分项工程质量评定、质量检查，隐蔽工程验收、预检及上级组织的检查等技术活动的日期、结果、存在问题及处理情况记录。

（4）原材料检验结果、施工检验结果的记录，包括日期、内容、达到的效果及未达到要求等问题和处理情况及结论。

（5）质量、安全、机械事故的记录，包括原因、调查分析、责任者、处理情况及结论，对经济损失、工期影响等要记录清楚。

（6）有关洽商、变更情况，交代的方法、对象、结果的记录。

（7）有关归档资料的整理、交接的记录。

（8）有关新工艺、新材料的推广使用情况，以及小革新、小窍门的活动记录，包括项目、数量、效果及有关人员。桩基应单独记录并上报核查。

（9）工程的开、竣工日期以及主要分部、分项的施工起止日期。

（10）工程重要分部的特殊质量要求和施工方法。

（11）有关领导或部门对工程所做的生产、技术方面的决定或建议。

（12）气温、气候、地质以及其他特殊情况（如停水、停电、停工）的记录等。

（13）在紧急情况下采取的特殊措施的施工方法，施工记录由单位工程负责人填写。

（14）混凝土、砂浆试块的留置组数、时间以及 28 天的强度试验结果。

（15）其他重要事项。

2. 资料要求

（1）要求对单位工程从开工到竣工的整个施工阶段进行全面记录，要求内容完整，能全面反映工程进展情况。

（2）施工记录、桩基记录、混凝土浇灌记录、模板拆除等，应单独记录，分别列报。

（3）审核要求填写施工单位项目经理部的技术负责人。

（4）按要求及时记录，内容齐全为正确；内容补齐全，没有记录为不正确。

2.2.6　预检工程记录

预检工程（技术复核）记录是指在施工前对某些重要分项（项目）准备工作或前道工序进行的预先检查的记录。及时进行工程预检是保证工程质量、防止重大质量事故的重要环节。

1. 主要内容

（1）建筑物位置线。包括红线、坐标、建筑物控制桩、轴线桩、标高、水准点，并附平面示意图，重点工程附测量原始记录。

（2）基础尺寸线。包括基础轴线、断面尺寸、标高（槽底和垫层）等。

（3）模板。包括几何尺寸、轴线标高、预埋件位置、预留孔洞位置、模板牢固性、模板清理等。

（4）墙体。包括各层墙身轴线，门、窗洞口位置，皮数杆及 50cm 水平线。

（5）桩基定位的控制点。

（6）翻样检查。

（7）设备基础。包括其位置、标高、几何尺寸、预留孔洞、预埋件等。

（8）主要管道、沟的标高和坡度，各层地面基层、屋面找平层的坡度等。

2. 资料要求

（1）应准确提供预检资料内容，并按检查后的实际结果提出检查意见。

（2）复检后有问题需要复查时，由委托单位提出，应写明两次复检的检查意见。

（3）专业技术负责人、测量员、质检员、施工员等均要签字。

2.2.7　工程竣工施工总结

工程竣工施工总结是施工单位在工程竣工前就工程的施工情况作出的总结。同时应附一份工程竣工报告，提请建设单位组织竣工验收。

1. 主要内容

（1）工程概况。

（2）施工情况。

（3）施工资料整理情况。

（4）施工质量验收情况。

（5）工程总体评价。包括质量、安全、工期等内容的评价，是否有影响结构安全及使用功能的项目存在。

2. 资料要求

（1）工程名称、结构类型、工程地点、建设单位、施工单位、计划开工日期、实际开工日期、计划竣工日期应与开工报告相一致。

（2）工程造价。填写实际结算价。

（3）实际竣工日期。填写达到竣工条件的日期。

（4）计划工作日数。指由计划开工日期和计划竣工日期计算的日历天数。

（5）实际工作日数。指由实际开工日期和实际竣工日期计算的日历天数。

（6）竣工条件说明。写明应完成的工程项目的完成情况；现场建筑物四周整洁情况；技术资料是否齐全；工程质量是否验收合格，提出问题是否整改。未完工程盘点情况栏填写未完甩项工程，这些工程不影响结构安全和使用功能，经协商可以甩项交工。

（7）审核意见。建设单位、监理单位、施工单位负责人均需签字，注明日期并加盖单位公章。

2.2.8　工程质量保修书的填写

建设工程实行质量保修制度，施工单位在向建设单位提交工程竣工验收报告时，应当向建设单位出具质量保修书。质量保修书中应当明确建设工程的保修范围、保修期限和保修责任等。对在保修范围和保修期限内发生的质量缺陷，施工单位应当履行保修义务。建设工程的保修期自竣工验收合格之日起计算。在正常使用条件下，建设工程的最低保修期限如下。

（1）地基基础工程和主体结构工程，为设计文件规定的合理使用年限。

（2）屋面防水工程、有防水要求的房间及外墙面，为5年。

（3）供热与供冷系统，为两个采暖期、供冷期。

（4）电气管线、给排水管道、设备安装和装修工程，为2年。

（5）房屋建筑工程在保修范围和保修期限内发生质量缺陷，施工单位应当履行保修义务。

（6）其他项目的保修期限由建设单位和施工单位约定。

工程质量保修书的填写按有关标准文本执行。

2.2.9　质量控制资料

2.2.9.1　工程质量控制资料的主要类别

（1）图纸会审、设计变更、洽商记录。

（2）测量放线记录。

（3）原材料出厂的质量合格证及进场试验报告。

（4）施工试验报告和记录。

（5）隐蔽工程验收记录。

（6）施工记录。

（7）质量事故处理记录以及较大质量问题的检测、加固处理措施记录等。

2.2.9.2　工程质量控制资料的内容

1. 图纸会审、设计变更、洽商记录

（1）图纸会审。图纸会审记录是对已正式签署的设计文件进行交底、审查和会审所提出的问题予以记录的技术文件。图纸会审应由建设单位组织设计、监理，施工单位（地基处理较为复杂时应包括勘察单位）进行。

1）会审内容包括以下方面。

a. 建筑、结构、设备安装等设计图纸是否齐全，手续是否完备；设计是否符合国家有关政策、标准规定，图纸总的做法说明是否齐全、清楚、明确，与建筑、结构、安装、装饰和节点大样图之间有无矛盾；设计图纸（平、立、剖、节点）之间尺寸是否相符，建筑与结构、土建与安装之间互相配合的尺寸是否相符，有无错误和遗漏；设计图纸本身、建筑构造与结构构造、结构各构件之间在立体空间上有无矛盾，预留孔洞、预埋件、大样图或采用标准构配件的型号、尺寸有无错误和矛盾。

b. 总图的建筑物坐标位置与单位工程建筑平面图是否一致；建筑物的设计标高是否可行；地基与基础的设计与实际情况是否相符，结构性能如何；建筑物与地下构筑物及管线之间有无矛盾。

c. 主要结构的设计在承载力、刚度、稳定性等方面有无问题；主要部位的建筑构造是否合理；设计能否保证工程质量和安全施工。

d. 图纸的结构方案、建筑装饰与施工单位的施工能力、技术水平、技术装备有无矛盾；采用新工艺、新技术，施工单位有无困难；所需特殊建筑材料的品种、规格、数量能否解决，专业机械设备能否保证。

e. 安装专业的设备是否与图纸选用的设备相一致；到货的设备出厂资料是否齐全，技术要求是否合理，是否与设计图纸要求相一致；设备与土建图纸基础是否相符合，管口相对位置、接管规格、材质、坐标、标高是否与设计图纸一致；管道、设备及管件需作防腐、脱脂及特殊清洗时，设计缝构是否合理，技术要求是否切实可行。

2）资料要求包括以下内容。

a. 图纸会审一般由建设单位主持或建设、设计单位共同主持，应按要求组织图纸会审，主持人要签记姓名。

b. 有关专业均要有人员参与会审，参加人员签字齐全有效，日期、地点要写清楚。

c. 要记录会审中发现的所有需要记录的内容，已解决的注明解决方法，未解决的注明解决时间及方式，记录由设计、施工的任一方整理，可在会审时协商确定。

d. 凡会审已形成的正式文件记录，均不得进行涂改。

e. 建设单位、设计单位、监理单位、施工单位等参加图纸会审的单位，单位盖章有效。

（2）设计变更。设计变更是在设计施工过程中，由于设计图纸本身的问题，设计图纸与实际情况不符，施工条件变化，原材料的规格、品种、质量不符合设计要求，以及有关人员提出的合理化建议等原因，需要对设计图纸部分内容进行修改而办理的变更设计文件。

1）遇有下列情况之一时，必须由设计单位签发变更通知单。

a. 当决定对图纸进行较大修改时。

b. 施工前及施工过程中发现图纸有差错，做法或尺寸有矛盾，结构变更，图纸与实际情况不符。

c. 由建设单位提出，对建筑构造、细部做法、使用功能等方面提出的修改意见，必须经过设计单位同意，并提出设计通知书或设计变更图纸。

d. 由设计单位或建设单位提出的设计图纸修改，应由设计部门提出设计变更联系单；由施工单位提出的属于设计错误时，应由设计部门提出设计变更联系单；由施工单位的技术、材料等原因造成的设计变更。由施工单位提出洽商，请求设计变更，并经设计部门同意，以洽商记录作为变更设计的依据。

2）要求说明包括以下内容。

a. 所有设计变更必须由原设计单位的相应设计专业人员作出，有关负责人签字，设计单位盖章批准，最后由建设单位（项目负责人）、监理单位（项目总监）、施工单位（项目经理）签字盖章生效。

b. 应先有设计变更后施工，按签发日期顺序排列。

c. 内容明确、具体，办理及时。必要时附图，不得任意涂改和后补。

3）设计变更涉及以下内容时，必须报请原图纸审查部门审批，批准后方可实施。

a. 建筑物的稳定性、安全性（含地基基础和主体结构体系）。

b. 消防、节能、环保、抗震、卫生、人防的有关强制性标准。

c. 图纸规定的深度。

d. 影响公众利益。

（3）洽商记录。洽商记录是以经建设、设计、监理、施工企业技术负责人审查签章后的设计部门下发的《变更通知单》归档。洽商记录是施工过程中，由于设计图纸本身差错，设计图纸与实际情况不符，施工条件变化，原材料的规格、品种、质量不符合设计要求，及职工提出合理化建议等原因，需要对设计图纸部分内容进行修改而办理的工程洽商记录文件。

1）洽商记录遇有下列情况之一者，必须由设计单位签发设计变更通知单，不得以洽商记录办理。

a. 当决定对图纸进行较大修改时。

b. 施工前及施工过程中发现图纸有差错、做法、尺寸矛盾、结构变更或与实际情况不符时。

　　c. 由建设单位提出，对建筑构造、细部做法、使用功能等方面提出的修改意见。

　　2）要求说明包括以下内容。

　　a. 洽商记录按签订日期先后顺序编号排列，内容明确具体，必要时附图、签字齐全，不得任意涂改和后补。

　　b. 应先有洽商记录，后施工。

　　c. 特殊情况需先施工后变更者，必须先征得设计部门同意，洽商记录需在1周内补齐。

　　2. 测量放线记录

　　（1）工程定位测量及复测记录。工程定位测量及复测记录是指根据当地行政主管部门给定总图范围内的工程建筑物、构筑物的位置、标高进行测量与复测，以确保建筑物的位置、标高的正确。

　　测量人员根据红线高程或指定建筑物引测控制线，施测出该建筑物轴线，做出永久控制桩且做好复测。

　　1）资料表式如下。

施工放样测量检查记录表

工程承建单位：　　　　　　　　　　　　　　　　　　　合同编号：No.

单位工程名称、编码			分部工程名称、编码		
分项工程名称、编码			单元工程名称、编码		
工程部位			起止桩号、高程		
点号	设计值	测量值	点位误差	高程误差	
	纵坐标 X（m）	纵坐标 X（m）	ΔX（cm）		备　注
	横坐标 Y（m）	横坐标 Y（m）	ΔY（cm）		
	高程 H（m）	高程 H（m）	$M=\pm\sqrt{\Delta X^2+\Delta Y^2}$	ΔY（cm）	

说明：本表由承建单位报送一份备查。

承建单位负责人：　　　　　校核：　　　　　计算：　　　　　年　月

　　2）主要内容。工程定位测量及复测记录包括平面位置定位、标高定位、测设点位和提供竣工技术资料。

　　a. 工程平面位置定位。根据场地上建筑物主轴线控制点或其他控制点，将房屋外墙轴线交点用经纬仪投测到地面木桩顶面为标志的小钉上。

　　b. 工程的标高定位。根据施工现场水准控制点标高（或从附近引测的大地水准点标高），推算±0.000标高，或根据±0.000标高与某建筑物、某处标高的相对关系，用水准仪和水准尺在供放线用的龙门桩上标出标高的定位工作。

　　c. 测设点位。将已经设计好的各种不同的建（构）筑物的几何尺寸和位置，按照设计要求,运用测量仪器和工具标定到地面及楼层上,并设置相应的标志作为施工的依据。

d. 提供竣工资料。在工程竣工后,将施工中各项测量数据及建筑物的实际位置、尺寸和地下设施位置等资料,按规定格式整理或编绘技术资料。

e. 鉴于工程测量的重要性,凡工程测量均必须进行复测。

3) 资料要求包括以下内容。

a. 工程定位测量在每个工程中需填写工程定位测量放线记录,工程定位测量复测记录,规定凡工程定位测量放线都必须进行复测,确保工程测量正确无误。

b. 施测部位。填写工程进行定位测量放线或工程定位放线复测的部位、位置。

c. 使用仪器。测量时使用的经纬仪、水准仪等仪器,填写时应注明规格、型号。

d. 大气温度。填写测量时的大气温度。

e. 测量依据。坐标,根据规划部门指定坐标;高程,根据施工现场水准控制点的标高推算出该建筑物±0.00 标高。

f. 定位测量示意图。要标注准确,如指北针、轴线、坐标等,高程依据要求标注引出位置,标明基础主轴线之间的尺寸以及建 (构) 筑物与建筑红线或控制桩的相对位置。

g. 实测坐标、高程。按实际位置与实际测定标高填写。

h. 复验意见。当复测与初测偏差较小时可以不必改正,当复测与初测偏差较大需要纠正时,注明偏差方向、数据后,应填写"按复测数据施工"。

i. 参加定位测量及复测的监理、建设、施工单位人员必须签字齐全,不应代签。

(2) 基槽及各层放线测量记录。基槽及各层测量放线记录是指建筑工程根据施工图设计给定的位置、轴线、标高进行的测量与复测,以保证建筑物的位置、轴线、标高正确。

1) 主要内容包括以下几个方面。

a. 基槽验线主要包括轴线、外轮廓线、断面尺寸、基底高程、坡度等的检测与检查。

b. 楼层放线主要包括各层墙柱轴线、边线、门窗洞口位置线和皮数杆等,楼层 0.5m (或 1m) 水平控制线、轴线竖向投测控制线。

c. 不同类别的工程应分别提供基槽及各层测量放线与复测记录。

2) 资料要求包括以下几个方面。

a. 工程部位。填写基槽或楼层(分层、分轴线或施工流水段)测量的具体部位。

b. 轴线、标高定位方法。指总平面图、建筑方格网等定位依据以及竖向投测依据。

c. 测量放线示意图的内容。包括基底外轮廓线及断面;垫层标高;集水坑、电梯井等垫层标高、位置;楼层外轮廓线,楼层重要控制轴线、尺寸、相对高程等;示意图指北针方向、分楼层段的具体图名。

d. 复验意见由监理(建设)单位复验后填写。

3. 原材料出厂的质量合格证及进场试验报告

(1) 合格证、试验报告汇总表。合格证、试验报告汇总表是指核查用于工程的各种材料的品种、规格、数量,通过汇总达到检查的目的。

1) 资料表式如下。

水 泥 检 验 报 告 表

检测单位：   合同编号：No.

序号	检 查 项 目		检 查 结 果	附 记
分项工程名称、编号			工程部位	
厂家标号品种			取样日期	
1	相对密度（g/cm）			
2	细度	80μm 方孔筛筛余量（％）		
		比表面积（m²/kg）		
3	标准稠度（％）			
4	凝结时间	初凝（h：min）		
		终凝（h：min）		
5	安定性			
6	强度（MPa）	抗折强度 （ ）d		
		（ ）d		
		（ ）d		
		抗压强度 （ ）d		
		（ ）d		
		（ ）d		
7	水化热（J/g）	（ ）d		
		（ ）d		
		（ ）d		

说明：本表由承建单位报送二份，备查和存档

校核：   计算：   试验：   年 月 日

2）资料要求包括以下几个方面。

a. 合格证、试验报告汇总表按施工过程中依次形成的以上表式经核查后全部汇总不得缺漏，并按工程进度为序进行，如地基基础、主体工程等。

b. 砂、石、砖、水泥、钢筋、钢材、防水材料等均应进行整理汇总，品种、规格应满足设计要求的品种和规格；否则为合格证、试验报告不全。

c. 试样结论是指进厂材料抽样复试材料的复试报告的结论，应填写是否符合某标准要求。

d. 主要使用部位及有关说明要填写进厂批材料主要使用在何处及需要说明的事项。

e. 施工单位的项目经理部的项目技术负责人为审核人，签字有效；施工单位的项目经理部的专职质检员为制表人，签字有效。

（2）合格证粘贴表。合格证粘贴表是为整理不同厂家提供的出厂合格证因规格不一，为统一规格而规定的表式。

1）资料表式如下。

建筑材料质量检验合格证

检测单位：　　　　　　　　　　　　　　　　　　　　　合同编号：No.

申报使用工程项目及部位					工程项目施工时段	
材料	序号	规格型号	入库数量	生产厂家	出厂日期/入库日期	材料检验单号
钢筋	1					
	2					
	3					
	4					
	5					
	6					
水泥	1					
	2					
	3					
外加剂	1					
	2					
	3					
止水材料	1					
	2					
	3					
	4					
承建单位报送记录	所报送批号材料经质量检查与检测实验全部合格。 报送单位： 　　　　　　　　年　月　日			监理机构认证意见	工程监理部： 认证人： 　　　　　年　月　日	

说明：一式 5 份报监理部，完成认证后返回报送单位 3 份，留作单元、分部、单位工程质量评定资料备查和存档。

　　2）资料要求包括以下几个方面。

　　a. 各种材料的合格证应按施工过程中依次形成的以上表式，经核查符合要求后全部粘贴表内，不得缺漏。

　　b. 审核人、整理人分别签字。

　　c. 材料检验报告。材料检验报告是指为保证建筑工程质量对用于工程的材料进行有关指标测试，由试验单位出具的试验证明文件。

3）材料检验要求包括以下几个方面。

a.材料检验必须按相关标准进行，应将质量标准与试验结果一并填写。

b.材料检验的试验报告单位必须具有相应的资质，不具备相应资质的试验室出具的报告无效。

c.有见证取样试验要求的必须进行见证取样试验。

d.材料试验报告责任制签章必须齐全。

e.检验结论应全面、准确地填写是否符合标准规定。

f.试验单位，是指承接该试验的具有相应资质的试验单位，签字盖章有效；技术负责人，是指承接该试验的具有相应资质的试验单位的技术负责人，签字有效；审核是指由承接该试验的具有相应资质的试验单位的技术负责人签字；试验，是指试验单位的参与试验人员，签字有效。

（3）钢材、钢筋出厂合格证、试验报告。

1）资料表式如下。

钢筋力学性能检验记录表

检测单位：　　　　　　　　　　　　　　　　　　　　　合同编号：No.

分项工程名称、编码				工程部位				
厂家规格品种								
拉伸试验								
试件编号	直径（mm）	屈服力 F_g（kN）	屈报点 σ_g（MPa）	最大力 F_b（kN）	抗拉强度 σ_b（MPa）	原始标距 L_0（mm）	断后标距 L_1（mm）	断后伸长率 δ_b（％）
取样地点								
试验日期								

弯曲试验			备　　注					
试件编号	弯心直径 $d=a$（mm）	弯心角度 α（度）	检验结果					

说明：本表由承建单位报送二份，备查和存档。

校核：　　　　　　计算：　　　　　　试验：　　　　　　年　月　日

2）资料要求包括以下几个方面。

a. 结构中所用受力钢筋及钢材应有出厂合格证和复试报告。

b. 钢材、钢筋合格证。钢材、钢筋进场时应有包括炉号、型号、规格、力学性能、化学成分、数量（指每批的代表数量）、生产厂家名称、出厂日期等内容的出厂合格证，合格证必须包括力学性能、化学成分。

c. 出厂合格证采用抄件或复印件时应加盖抄件（注明原件存放单位及钢材批量）或复印件单位章，经手人签字，钢材合格证经检查不符合有关规定的为不符合要求。

d. 凡使用进口钢筋，应做力学性能试验和化学成分检验。

e. 钢材、钢筋试验报告。复试的品种、规格必须齐全；钢材试验报告单的品种、规格应和图纸上的品种、规格相一致，并应满足批量要求，应将试验报告结果与标准资料相对比，检查其是否符合要求。必须实行见证取样，试验室应在见证取样人名单上加盖公章和经手人签字。

f. 钢筋集中加工，应将钢筋复验单及钢筋加工出厂证明抄送施工单位（钢筋出厂证明及复验单原件由钢筋加工厂保存）；直接发到现场或构件厂的钢筋，复验由使用单位负责。

g. 试验报告的检查。检查试验编号是否填写，检查钢材试验单的试验资料是否准确无误，各项签字和报告日期是否齐全。

（4）水泥出厂合格证、试验报告。水泥试验报告是为保证工程质量，对用于工程中的水泥的强度、安定性和凝结时间等指标进行测试后由试验单位出具的质量证明文件。

1）资料表式如下。

建筑材料质量检验合格证

检测单位：　　　　　　　　　　　　　　　　　　　　　　　合同编号：No.

申报使用工程项目及部位					工程项目施工时段	
材料	序号	规格型号	入库数量	生产厂家	出厂日期/入库日期	材料检验单号
钢筋	1					
	2					
水泥	1					
	2					
	3					
外加剂	1					
	2					
	3					
承建单位报送记录	所报送批号材料经质量检查与检测实验全部合格。报送单位：　　　　　　　年　月　日				监理机构认证意见	工程监理部：认证人：　　　　　　年　月　日

说明：一式 5 份报监理部，完成认证后返回报送单位 3 份，留作单元、分部、单位工程质量评定资料备查和存档。

2）资料要求包括以下几个方面。

a. 所有牌号、品种的水泥应有合格证和试验报告，水泥使用以复试报告为准，试验内容必须齐全且均应在使用前取得，试验报告单的试验编号必须填写，以防止弄虚作假。

b. 水泥出厂合格证内容应包括水泥牌号、厂标、水泥品种、强度等级、出厂日期、批号、合格证编号、抗压强度、抗折强度、安定性和凝结时间。

c. 合格证中应有 3 天、7 天、28 天抗压，抗折强度和安定性试验结果。水泥复试可以提出 3 天强度以适应施工的需要，但必须在 28 天后补充 28 天水泥强度报告，应注意出厂编号、出厂日期应一致。

d. 从出厂日期起 3 个月内为有效期，超过 3 个月（快硬硅酸盐水泥超过 1 个月）另做试验。

e. 提供水泥的合格试验单应满足工程使用水泥的数量、品种、强度等级等要求，且水泥的必试项目不得缺漏。

f. 水泥试验报告单必须和配合比通知单、试块强度试验报告单上的水泥品种、强度等级、厂牌相一致；水泥复试单和混凝土、砂浆试验报告上的时间进行对比，可鉴别水泥是否有先用后试现象。

g. 单位工程的水泥复试批量与实际使用数量的批量构成应基本一致。

h. 必须实行见证取样，试验室应在见证取样人名单上加盖公章和经手人签字。

i. 水泥出厂合格证或试验报告不齐，为不符合要求；水泥先用后试验或不试验为不符合要求；水泥进场 3 个月没复试，为不符合要求。

j. 水泥进场时应对其品种、级别、包装或散装仓号、出厂日期等进行检查，并应对其强度、安定性及其他必要的性能指标进行复验，其质量必须符合现行国家标准 GB 175—1999《硅酸盐水泥、普通硅酸盐水泥》等的规定；按同一生产厂家、同一等级、同一品种、同一批号且连续进场的水泥，袋装不超过 200t 为一批，散装不超过 500t 为一批，每批抽样不少于一次。

（5）砖出厂合格证、试验报告。砖（砌块）试验报告是对于工程中的砖（砌块）强度等指标进行复试后由试验单位出具的质量证明文件。

资料要求包括以下几个方面。

1）应核对砖出厂合格证。合格证的内容应包括厂家、品种、规格、批量、出厂日期、出厂批号、强度等级（特等、一等、二等）及相关性能指标，并盖有厂检验部门印章，合格证不包括上述内容时，复试时应加试。

2）应核对砖试验报告单，砖试验报告单内容应包括：试验编号、委托单位、工程名称、使用部位、砖的品种、规格、强度等级、厂家、出厂日期、批号、代表数量、送检日期、试验日期以及试验结果等内容。

3）用于工程各种品种、强度等级的砖（指普通实心砖），进场后不论有无出厂合格证，均必须（在工地取样）按规定批次（一批砖为 3.5 万～15 万块）进行复试。"必试"项目为抗压，设计有要求时进行抗折强度试验，并实行见证取样，试验室应在见证取样人名单上加盖公章和经手人签字，随同试验报告单一并返送委托单位，并入技术资料内保存。试验报告单后面必须有返送的见证取样人名单，无返送人员名单的试验报告单视为无效。

4）砖试验不全或不进行试验的为不符合要求。

5）砖进场的外观检查，检查砖的规格、尺寸、长、宽、厚，检杳缺棱掉角程度、数量，砖的花纹检查，检查棱边弯曲和大面翘曲程度，检查有无石灰爆裂现象，检查砖的煅烧程度。

（6）粗细骨料、轻骨料试验报告。粗细骨料、轻骨料试验报告是对于工程中的骨料筛分以及含泥量、泥块含量、针片状含量、压碎指标等进行复试后由试验单位出具的质量证明文件。

1）资料表式如下。

砂石骨料产品质量检验报告单

检测单位：　　　　　　　　　　　　　　　　　　　　　　　合同编号：No.

砂石材料 种类	□砂料　□小石　□中石　□大石 □特大石		储存地点	
取样方法 及数量			取样时间	
序号	检 测 项 目	质量标准	试验结果	说明
1				
2				

说明：一式 5 份报监理部，完成认证后返回报送单位 3 份，留作单元、分部、单位工程质量评定资料备查和存档。

2）资料要求包括以下内容。

a. 粗、细骨料试验报告必须是经监理单位审核同意的试验室出具的试验报告单。

b. 工程中使用的砂、石按产地不同和批量要求进行试验，必须试验项目为颗粒级配、含水率、相对密度、密度、含泥量。粗细骨料、对重要工程混凝土使用的砂、碎石或卵石应进行碱活性检验。

c. 按工程需要的品种、规格，先试验后使用。试验报告单应试项目齐全，试验编号必须填写，并应符合有关标准的要求。

d. C30 及 C30 以上的混凝土、防水混凝土、特殊部位混凝土，设计提出要求应加试有害杂质含量等。混凝土强度等级为 C40 及其以上混凝土或设计有要求时应对所用石子硬度进行试验。

e. 当设计为预防混凝土出现碱骨料反应而对砂子含碱量提出要求时，应进行专门试验。

f. 粗细骨料试验报告应按产地、粒径、试验时间排列归档。

（7）焊条、焊剂合格证。

1）焊条（剂）合格证均分类按序粘贴于合格证粘贴表上。

2）工程上使用的电焊条、焊丝和焊剂，必须有出厂合格证。

（8）防水材料合格证、试验报告。防水材料试验报告是对于工程中的防水材料的耐热度、不透水性、拉力、柔度等指标进行复试后由试验单位出具的质量证明文件。

防水材料合格证以厂家提供的规格，按工程进度贴于合格证粘贴表上。

资料要求包括以下内容。

1）防水材料必须有出厂合格证和在工地取样的试验报告。

2）按规定在现场进行抽样复检，对试件进行编号后按见证取样规定送试验室复试。试样来源及名称应填写清楚。试验单各项填写齐全，复试单试验编号必须填写，以防弄虚作假。防水材料的试验单中的各试验项目、数据应和检验标准对照，必须符合专项规定或标准要求，不合格的防水材料不得用于工程并必须通过技术负责人专项处理，签署退场处理意见。试验结论要明确，责任制签字要齐全，不得漏签或代签。

3）货物进场要抽样检查。按合同中规定的品种、规格及质量要求，先逐项进行外观检查，然后对照厂方（供方）提供的出厂合格证的质量指标逐项核对。

4）防水材料合格证、试验报告对应排列。按厂家、品种依次排录归档。

（9）门窗、预制混凝土构件合格证。

1）门窗、预制混凝土构件合格证以厂家提供表式按工程进度分类粘贴于合格证粘贴表上。

2）资料要求包括以下内容。

a.门窗、预制混凝土构件必须有出厂合格证。任何预制混凝土构件，只有在取得生产厂家提供的合格证，并经现场抽检合格后方可使用。合格证原件及检查记录，要求填写齐全，不得缺漏或填错。

b.构件合格证应包括生产厂家、工程名称、合格证编号、合同编号、设计图纸的种类、构件类别和名称、型号、代表数量、生产日期、结构试验评定、承载力、拱度，并有生产单位技术负责人、质检员姓名或签字，并加盖生产单位公章。

其他部分内容，在此不予介绍。

4.施工试验报告和记录

（1）施工试验报告。施工试验报告是为保证建筑工程质量，对用于工程的无特定表式的材料，进行有关指标测试，由试验单位出具的试验证明文件。

资料要求包括以下内容。

a.无特定表式的材料必须有出厂合格证和在工地取样的试验报告，试验单各项填写齐全，不得漏填或错填，复试单试验编号必须填写。

b.试验结论要明确，责任人签字要齐全，不得漏签或代签，并加盖试验单位公章。

c.委托单上的工程名称、部位、品种、强度等级等与试验报告单上应对应一致。

d.必须填写报告日期，以检查是否为先试验后施工，先用后试为不符合要求。

e.试验的代表批量和使用数量的代表批量应相一致。

f.必须实行见证取样时，试验室应在见证取样人名单上加盖公章和经手人签字。

g.使用材料与规范及设计要求不符为不符合要求。

h.试验结论与使用品种、强度等级不符为不符合要求。

（2）土壤试验报告。土壤试验报告是为保证工程质量，由试验单位对工程中进行的回填夯实类土的干质量密度指标进行测试后出具的质量证明文件。

资料要求包括以下内容。

a. 素土、灰土及级配砂石、砂石地基的干密度试验，应有取样位置图，取点分布应符合图像评定标准规定。

b. 土壤试验记录要填写齐全；土体试验报告单的子目应齐全，计算数据准确。签证手续完备，鉴定结论明确。

c. 单位工程的素土、砂、砂石等回填土必须按每层取样，检验的数量、部位、范围和测试结果应符合设计要求及规范规定。如干质量密度低于质量标准时，必须有补夯措施和重新进行测定的报告。

d. 大型和重要的填方工程，其填料的最大干土质量密度、最佳含水量等技术参数必须通过击实试验确定。

e. 检验时，如出现下列情况之一者，该项目应为不符合要求：大型土方或重要的填方工程以及素土、灰土、砂石等地基处理，无干土质量密度试验报告单或报告单中的实测数据不符合质量标准；土壤试验有"缺、漏、无"现象及不符合有关规定的内容和要求。

（3）钢筋连接试验报告。钢筋连接试验报告是指为保证建筑工程质量，对用于工程的不同形式的钢材连接进行的有关指标的测试，由试验单位出具的试验证明文件。

1）资料表式如下。

钢材力学性能检测申请表

委托单位	贵州引水渡水电411联营体	工程名称	引水渡水电站引水发电系统工程	工程部位	引水系统、发电厂房工程
样品名称	钢筋热镦粗等强直螺纹接头	规格型号	φ25	数量	1组
样品来源	现场取样	代表批量	1批	收样日期	
材料牌号	HRB335	生产厂家		检验日期	
申请检测项目	拉伸试验				
批准： 年 月 日			取样： 年 月 日		
送样人： 年 月 日			收样人： 年 月 日		

2）资料要求包括以下内容。

a. 钢筋或钢材闪光对焊、电弧焊、电渣压力焊等均按有关规定执行。试验子项齐全，试验数据必须符合要求。

b. 钢筋焊接接头，按规定每批各取3件分别进行抗剪（点焊）、拉伸及弯曲试验，试验报告单的子项应填写齐全。对不合格焊接件应重新复试，对焊件进行补焊。

c. 钢结构构件按设计要求应分别进行Ⅰ、Ⅱ、Ⅲ级焊接质量检验。一、二级焊缝，即承受拉力或压力要求与母材有同等强度的焊缝，必须有超声波检验报告，一级焊缝还应有 X 射线伤检报告。

d. 受力预埋件钢筋 T 形接头必须做拉伸试验，且必须符合设计或标准的规定。

e. 电焊条、焊丝和焊剂的品种、牌号及规格和使用应符合设计要求和标准规定，应有出厂合格证（如包装商标上有技术指示时，也可将商标揭下存档，无技术指标时应进行复试）并应注明使用部位及设计要求的型号。质量指标包括力学性能和化学分析。低氢型碱性焊条以及在运输中受潮的酸性焊条，应烘焙后再用并填写烘焙记录。

f. 不同预应力钢筋的焊接均必须符合设计或标准要求（先焊后拉）。

g. 试验编号必须填写，以此作为查询试验室及试验台账、核实焊接试验数据的重要依据。

h. 必须实行见证取样，试验室应在见证取样人名单上加盖公章和经手人签字。

i. 机械连接或其他连接方式必须按设计要求进行试验，由试验室出具试验报告。

j. 无焊工合格证的人员进行施焊，为不符合要求。

（4）砂浆配合比。凡是要求强度等级的各种砂浆均应出具配合比，并按配合比拌制砂浆，严禁使用经验配合比。

（5）砂浆试件抗压强度检验报告。砂浆试件抗压强度检验报告是指施工单位根据设计要求的砂浆强度等级，由施工单位在施工现场按标准留置试件，由试验单位进行强度测试后出具的报告单。资料要求包括以下内容。

1）砂浆强度以标准养护龄期 28 天的试件抗压试验结果为准，在冬季施工条件下养护时应增加同条件养护的试件，并有气温记录。

2）非标养试块应有测温记录，超龄期试件按有关规定换算为 28 天强度进行评定。

3）砌筑砂浆的验收批，同一类型、强度等级的砂浆试件应不少于 3 组。当同一验收批只有一组试件时，该组试件抗压强度的平均值必须不小于设计强度等级所对应的立方体抗压强度。

4）每一检验批且不超过 250m。砌体的各种类型及强度等级的砌筑砂浆，每台搅拌机应至少抽检一次；在砂浆搅拌机出料口随机取样制作砂浆试件（同盘砂浆只应制作一组试件），最后检查试件强度试验报告单。

5）当施工中或验收时出现下列情况，可采用现场检验方法对砂浆和砌体强度进行原位检测或取样检验，并判定其强度：砂浆试件缺乏代表性或试块数量不足；对砂浆试件的试验结果有怀疑或有争议；砂浆试件的试验结果不能满足设计要求。

6）有特殊性能要求的砂浆，应符合相应标准并满足施工标准要求。

7）砌筑砂浆采用重量配合比，如砂浆组成材料有变更，应重新选定砂浆配合比。砂浆所有材料需符合质量检验标准，不同品种的水泥不得混合使用。砂浆的种类、强度等级、稠度、分层度均应符合设计要求和施工标准规定。

（6）混凝土试配试验报告汇总表。混凝土试块强度试验报告汇总表是指为核查用于工程的各种品种、强度等级、数量的混凝土试块，通过汇总达到便于检查的目的。

资料要求包括以下内容。

1）混凝土试块强度试验报告汇总表应按施工过程中依次形成的混凝土试块试验报告表式，经核查后全部汇总填写。

2）混凝土试块强度试验报告汇总表的整理按工程进度为序进行。

3）用于检查的试件，应在混凝土的浇筑地点随机抽取。

（7）混凝土强度试配报告单。混凝土强度试配报告单是指施工单位根据设计要求的混凝土强度等级提请试验单位进行混凝土试配，根据试配结果出具混凝土强度试配报告单。

资料要求包括以下内容。

1）不论混凝土工程量大小、强度等级高低，均应进行试配，并按配比单拌制混凝土，严禁使用经验配合比；不做试配为不正确。

2）申请试配应提供混凝土的技术要求，原材料的有关性能、混凝土的搅拌、施工方法和养护方法，设计有特殊要求的混凝土应特别予以详细说明。

3）混凝土试配应在原材料试配试验合格后进行。

4）试验、审核、技术负责人签字齐全，并加盖试验单位公章。

5）凡现浇框架结构、剪力墙结构、现场预制大型构件、重要混凝土基础以及构筑物、大体积混凝土及其他不同品种、不同强度等级、不同级配的混凝土均应事先送样申请试配，以保证满足设计要求。由试验室根据试配结果签发通知单，施工中如材料与送样有变化时应另行送样，申请修改配合比。承接试配的试验室应由省级以上行业主管部门批准。

6）通常情况下，当建筑材料的供应渠道与材质相对稳定时，施工企业可根据本单位常用的材料，由试验室试配出各种混凝土、砂浆配合比备用，作为一般工程的施工实际配合。在使用过程中根据材料情况及混凝土质量检验结果适当予以调整。特殊情况时，应该单独提供混凝土、砂浆试配申请：重要工程或对混凝土性能有特殊要求时，所有原材料的产地、品种和质量有显著变化时，外加剂和掺合料的品种有变化时。混凝土、砂浆配合比严禁采用经验配合比。

（8）混凝土试块试验报告单。混凝土试块试验报告是为保证工程质量，由试验单位对工程中留置的混凝土试块的强度指标进行测试后出具的质量证明文件。

资料要求包括以下内容。

1）凡现浇框架结构、剪力墙结构、现场预制大型构件、重要混凝土基础以及构筑物、大体积混凝土及其他不同品种、不同强度等级、不同级配的混凝土均应在浇筑地点随机抽取留置试件。

2）混凝土试件由施工单位提供。

3）混凝土强度以标准养护龄期 28 天的试件抗压试验结果为准，在冬期施工条件下养护时应增加同条件养护的试件，并有测温记录。

4）非标准养护试件应有测温记录，超龄期试件按有关规定换算为 28 天强度进行评定。

5）混凝土强度以单位工程按 GB 50204—2002《混凝土结构工程施工质量验收规范》进行质量验收。

6）必须实行见证取样，试验室应在见证取样人名单上加盖公章，经手人签字。

7）有特殊性能要求的混凝土，应符合相应标准并满足施工标准要求。

8）混凝土试件的试验内容。

混凝土试件试验又称混凝土物理力学性能试验，内容有抗压强度试验、抗拉强度试验、抗折强度试验、抗冻性试验、抗渗性能试验、干缩试验等。对混凝土的质量检验，一般只进行抗压强度试验，对设计有抗冻、抗渗等要求的混凝土应分别按设计有关要求进行试验。

（9）混凝土抗渗性能试验报告。混凝土抗渗性能试验报告是为保证防水工程质量，由试验单位对工程中留置的抗渗混凝土试块的强度指标进行测试后出具的质量证明文件。

资料要求包括以下内容。

1）不同品种、不同强度等级、不同级配的抗渗混凝土均应在混凝土浇筑地点随机留置试块，且至少由一组在标准条件下养护，试件的留置数量应符合相应标准的规定。

2）抗渗混凝土强度以标准养护龄期 28 天的试块抗压试验结果为准，在冬期施工条件下养护时应增加同条件养护的试块，并有测试记录。

3）抗渗混凝土试验报告单子项填写齐全。

4）抗渗混凝土强度等级按 GB 50204—2002《混凝土结构工程施工质量验收规范》和 GBJ 107—1987《混凝土强度检验评定标准》进行验收。抗渗性能应符合 GB 50208—2002《地下防水工程质量验收规范》。

5）抗渗必须见证取样，试验室应在见证取样人名单上加盖公章，经手人签字。

（10）混凝土强度评定表。混凝土试件抗压强度统计评定表是指单位工程混凝土强度进行综合检查评定用表。主要核查水泥等原材料是否与实际相符，混凝土强度等级、试压龄期、养护方法、试件留置的部位及组数等是否符合设计要求和有关标准的规定。

资料要求包括以下内容。

1）正确按 GB 50204—2002《混凝土结构工程施工质量验收规范》及 GBJ 107—1987《混凝土强度检验评定标准》对混凝土进行评定。

2）评定数据准确，评定人员符合要求。

3）结构实体用同条件试块汇总、评定纳入结构实体检测资料进行整理归档。

5．隐蔽工程验收记录

隐蔽工程验收记录是指为下道工序所隐蔽的工程项目，关系到结构性能和使用功能的重要部位或项目的隐蔽检查记录。凡本工序操作完毕，将被下道工序所掩盖、包裹而再无从检查的工程项目，在隐蔽前必须进行隐蔽工程验收。

（1）土建工程主要隐蔽验收内容。

1）土方工程主要隐蔽验收内容包括以下几个方面。

a．基槽标高、几何尺寸，土质情况。

b．地基处理的填料配比、厚度、密实度。

c．回填土的填料配比、厚度、密实度。

2）钢筋工程主要隐蔽验收内容包括以下几个方面。

a．纵向受力钢筋的品种、规格、数量、位置等。

b．钢筋的连接方式、接头位置、接头数量、接头面积百分率等。

c. 箍筋、横向钢筋的品种、规格、数量、间距等。

d. 预埋件的规格、数量、位置等。

3）地面工程主要隐蔽验收内容包括地面下的基土、各种防护层及经过防腐处理的结构或连接件。

4）屋面工程主要隐蔽验收内容包括保温隔热层、找平层、防水层。

5）防水工程主要隐蔽验收内容包括卷材防水层吸胶结材料防水的基层、地下室外墙防水、厨卫间防水层。

6）装饰工程主要隐蔽验收内容包括装饰工程，地面下的灰土、装饰隐蔽部位的防腐处理等。

7）完工后无法检查或标准中要求作隐蔽验收的项目。

（2）资料要求。

1）隐蔽工程验收记录应按专业、分层、分段、分部位按施工程序进行填写。隐蔽工程验收记录按分项工程检验批填写。内容包括位置、标高、材质、品种、规格、数量、焊接接头，防腐、管盒固定、管口处理等，需附图时应附图。

2）隐蔽工程验收时，施工单位必须附有关分项工程质量验收及测试资料，包括原材料试（化）验单、质量验收记录、出厂合格证等，以备查验。

3）需要进行处理的，处理后必须进行复验，并且办理复验手续，填写复验日期，并做出复验结论。

4）工程具备隐检条件后，由专业工长填写隐蔽工程验收记录，由质检员提前1天报请监理单位，验收时由专业技术负责人组织专业工长、质量检查员共同参加。验收后由监理单位专业监理工程师（建设单位项目专业技术负责人）签署验收意见及验收结论。

5）凡未经过隐蔽工程验收或验收不合格的工程，不得进入下道工序施工。

6）隐蔽工程验收记录上签字、盖章要齐全，参加验收人员须本人签字，并加盖监理（建设）单位项目部公章和施工单位项目部公章。

6. 施工记录

（1）施工记录。施工记录（通用）表式是为未定专项施工记录表式而又需要在施工过程中进行必要记录的施工项目时采用。

资料要求包括以下内容。

1）凡相关专业技术施工质量验收规范中主控项目或一般项目的检查方法中要求进行检查施工记录的项目，均应按资料的要求对该项施工过程完成后，对成品质量进行检查并填写施工记录。存在问题时应有处理建议。

2）施工记录应按表式内容逐一填写。

3）施工记录表由项目经理部的专职质量检查员或工长实施记录，由项目技术负责人审核。

（2）地基钎探记录。地基钎探主要是为了探明基底下对沉降影响最大的一定深度内的土层情况而进行的记录，基槽完成后，一般均应按设计要求或施工标准规定进行钎探。

资料要求包括以下内容。

1）地基钎探记录主要包括钎探点平面布置图和钎探记录。

2）钎探点平面布置图应与实际基槽一致，应标出方向，基槽各轴线、各轴号要与设计基础图一致。确定钎探点布置及顺序编号。钎探点平面布置图也可以在表外另附图。

3）钎探记录由钎探负责人负责组织钎探并记录，专业工长要对钎探点的布设和各步锤击数进行检查，专业技术负责人审核并签证。

4）地基钎探记录表原则上应用原始记录表，受损严重的可以重新抄写，但原始记录仍要原样保存，重新抄写好的记录数据、文字应与原件一致，要注明原件处及有抄写人签字。

（3）地基验槽记录。地基土是建筑物的基石，认真细致地进行地基验槽，及时发现并慎重处理好地基施工中出现的有关问题，是保证地基土符合设计要求的一项重要措施。同时可以丰富和提高工程勘察报告的准确程度。

1）资料表式如下。

土方开挖工程检验批质量验收记录表

单位（子单位）工程名称							
分部（子分部）工程名称					验收部位		
施工单位					项目经理		
分包单位					分包项目经理		
施工执行标准名称及编号							
施工质量验收规范的规定						施工单位检查评定记录	监理（建设）单位验收记录
项目		允许偏差或允许值（mm）					
		柱基基坑基槽	挖方场地平整		管沟	地（路）面基层	
			人工	机械			
主控项目	1 标高	−50	±30	±50	−50	−50	
	2 长度、宽度（由设计中心线向两边量）	+200 −50	+300 −100	+500 −150	+100	—	
	3 边坡	设计要求					
一般项目	1 表面平整度	20	20	50	20	20	
	2 基底土性	设计要求					
施工单位检查评定结果	专业工长（施工员）				施工班组长		
	项目专业质量检查员：　　　　　　　　　　　　　年　月　日						
监理（建设）单位验收结论	专业监理工程师：（建设单位项目专业技术负责人）：　　　　　　　　年　月　日						

2）资料要求包括以下内容。

a. 填写内容齐全，基土的均匀程度和地基土密度，以及有无坑、穴、洞、古墓等，签字盖章齐全。

b. 地基需处理时，须有设计部门的处理方案。处理后应经复验并注明复验意见。

c. 对有地基处理或设计要求处理及注明的地段、处理的方案、要求、实施记录及实施后的验收结果，应作为专门问题进行处理，归档编号。

d. 地基验槽除设计有规定外，均应提供地基钎探记录资料，没有地基钎探时应补探。

e. 地基验收必须在有当地质量监督部门监督的情况下进行地基验槽，由建设、设计、施工、监理各方签证为符合要求；否则为不符合要求。

（4）混凝土施工记录。混凝土施工记录是指不论混凝土浇筑工程量大小，对环境条件、混凝土配合比、浇筑部位内容结果进行实记录。

1）资料表式如下。

混凝土施工检验批质量验收记录表

单位（子单位）工程名称					
分部（子分部）工程名称				验收部位	
施工单位				项目经理	
施工执行标准名称及编号					
施工质量验收规范的规定				施工单位检查评定记录	监理（建设）单位验收记录
主控项目	1	混凝土强度等级及试件的取样和留置	第 7.4.1 条		
	2	混凝土抗渗及试件取样和留置	第 7.4.2 条		
	3	原材料每盘称量的偏差	第 7.4.3 条		
	4	初凝时间控制	第 7.4.4 条		
一般项目	1	施工缝的位置和处理	第 7.4.5 条		
	2	后浇带的位置和浇筑	第 7.4.6 条		
	3	混凝土养护	第 7.4.7 条		
施工单位检查评定结果	专业工长（施工员）			施工班组长	
	项目专业质量检查员：　　　　　　　　　年　月　日				
监理（建设）单位验收结论	专业监理工程师： 建设单位项目专业技术负责人：　　　　　　年　月　日				

2）资料要求包括以下内容。

a. 混凝土工程施工记录应按表中要求填写浇筑部位、天气情况、配比单编号。

b. 配合比按试验室提供的配比填写，每盘用量应按施工配比填写，根据施工情况及时测试砂、石含水量，调整配比，由试验配比转变为施工配比。

c. 在混凝土浇筑过程中要及时检查坍落度。冬季施工时大体积混凝土还要做测温记录。

7. 质量事故处理记录及质量检测、加固处理文件

（1）质量事故处理记录。凡因工程质量不符合规定的质量标准，影响使用功能或设计要求的质量事故在初步调查的基础上所填写的事故报告。

1）资料要求包括以下内容。

a. 工程质量事故的内容及处理建议应填写具体、清楚。

b. 有当事人及有关领导的签字及附件资料。

c. 事故经过及原因分析要尊重事实、尊重科学、实事求是。

2）工程建设重大质量事故包括以下几个方面。

a. 工程建设过程中发生的重大质量事故。

b. 由于勘察、设计、施工等过失造成工程质量低劣，而在交付使用后发生重大质量事故。

c. 因工程质量达不到合格标准，而需要加固补强，返工或报废，且经济损失达到重大质量事故级别的重大质量事故。

d. 一般工程质量事故。凡对使用功能和工程结构安全造成永久性缺陷的，均应视为一般质量事故。

（2）质量检测、加固报告文件。工程结构、安装等分部中出现需要检测的，其检测文件、设计复核认可文件、加固补强方案以及补强验收文件等，应进行汇总归档。

8. 淋（防）水试验记录

淋（防）水试验记录是在施工过程中对有防水要求的屋面或地面蓄水防水功能检（试）验过程的记录。

资料要求如下。

（1）屋面防水工程均应进行淋（蓄）水试验，对凸出屋面部分（管根部位、烟道根部等）应重点进行检查并做好记录。

（2）防水工程验收记录应有检查结果，写明有无渗漏。

（3）设计对混凝土有抗渗要求时，应提供混凝土抗渗试验报告单。

（4）按要求检查，内容、签字齐全为正确，无记录或后补记录为不正确，

9. 有防水要求的地面蓄水试验记录

有防水要求的地面蓄水试验记录按淋（防）水试验记录（通用）表执行。

10. 地下工程（室）防水效果检查试验记录

地下室防水效果检查记录是在施工过程中对地下室外墙有防水要求的部位所做的防水试验记录。

资料要求如下。

（1）地下室的防水工程验收时有条件的应在施工后做淋水 2h 试验；或者在回填后以及雨后进行检查，检查后注明有无渗漏现象以及检查结果。

（2）按要求检查，内容签字齐全为正确。

（3）设计对混凝土有抗渗要求时，应提供混凝土抗渗试验报告单。

（4）无记录或后补记录为不正确。

11. 建筑物垂直度、标高、全高测量记录

建筑物垂直度、标高、全高测量记录是对建筑物垂直度、标高、全高在施工过程中和竣工后进行的测量记录。

资料要求如下。

（1）现场测量项目必须是在测量现场进行，由施工单位的专业技术负责人牵头，专职质量检查员详细记录，建设单位或监理单位的专业监理工程师参加。

（2）现场原始记录须经施工单位的技术负责人和专职质量检查员签字，建设（监理）单位的参加人员签字后有效并存档，作为整理资料的依据以备查。

（3）测量记录内的主要项目应齐全，不齐全时应重新进行复测。

12. 抽气（风）道检查记录

资料要求如下。

（1）抽气道、风道必须 100％ 检查，检查数量不足为不符合要求。

（2）按要求检查，内容完整、签章齐全为符合要求，无记录或后补记录的为不符合要求。

（3）检查应做好自检记录。

（4）除抽气道、风道进行检查以外，还要进行外观检查，两项检验均合格后才可验收。

（5）检查项目应齐全，签字有效。

13. 幕墙及外窗气密性、水密性、耐风压检测报告

工程竣工前具有相应资质的检测单位检测并出具幕墙及外窗气密性、水密性耐风压检测报告。

材料要求如下。

（1）必须实行见证送样的，试验室应在送样单上加盖公章和经手人、送样人签字，不执行见证送样为不符合要求。

（2）应检项目内容应全部检查，不得漏检。

（3）表内 4 项性能检查，由有相应资质的检测机构进行检测，检测报告附后。

（4）性能评定结果，依据标准填写，评定结果为合格或不合格。

（5）所有责任人签字有效，不得代签或漏签。

2.2.9.3　质量验收

1. 工程质量验收的划分与程序

（1）工程质量验收的划分。建设工程质量验收划分为单位（子单位）、分部（子分部）、分项工程和检验批。

（2）工程质量验收的程序。

1）检验批的质量验收。

2）分项工程质量验收。

3）分部（子分部）工程质量验收。

4）单位（子单位）工程质量验收。

单位工程施工质量验收必须按以上顺序依序进行，报送资料逆向依序编制。

2. 检验批的质量验收

（1）主控项目和一般项目。主控项目包括重要原材料、成品、半成品、设备及附件的材质证明或检（试）验报告；结构强度、刚度等检验数据、工程质量性能的检测；一些重要的允许偏差项目，必须控制在允许偏差限值之内。

一般项目是指允许有一定的偏差或缺陷，以及一些无法定量的项目（如油漆的光亮光滑项目等），但又不能超过一定数量的项目。

主控项目和一般项目的质量经抽样检验合格。具有完整的施工操作依据、质量检查记录。

（2）资料要求。

1）主控项目和一般项目的质量经抽样检验合格。

2）具有完整的施工操作依据、质量检查记录。

3）施工执行标准名称及编号填写企业标准或行业推荐性标准。

4）施工单位检查评定结果是施工单位自行检验合格后，注明"合格"。

5）监理单位在验收时，对主控项目、一般项目应逐项进行验收，对符合验收规范的项目，填写"合格"或"符合要求"，在验收结论里统一填写"同意验收"，并由专业监理工程师（建设单位项目技术负责人）签字，填写验收日期。

3. 分项工程质量验收

1）资料要求包括以下内容。

a. 分项工程所含的检验批均应符合合格质量的规定。

b. 分项工程含的检验批的质量验收记录应完整。

c. 分项工程的验收由施工单位项目专业技术负责人进行检查评定，由监理单位专业监理工程师进行验收。

d. 验收批部位、区段，施工单位检查评定结果，是由施工单位项目专业质量检查员填写；检查结论由施工单位的项目专业技术负责人填写并签字；验收结论由专业监理工程师审查后填写，同意项填写"合格或符合要求"并签字确认，不同意项不填写，并提出存在问题和处理意见。

2）分项工程质量的验收是在检验批验收的基础上进行的，只是一个统计过程，但也有一些在检验批验收中没有的内容，在分项验收时应该注意以下几个方面。

a. 核对检验批的部位、区段是否全部覆盖分项工程的范围，有没有缺漏的部位没有验收到。

b. 一些在检验批中无法检验的项目，在分项工程中直接验收，如砖砌体工程中的全高垂直度、砂浆强度的评定等。

c. 检验批验收记录的内容及签字人是否正确、齐全。

4. 分部（子分部）工程质量验收

分部（子分部）工程质量验收是对分项工程的质量进行检查验收后，对有关工程质量控制资料、安全及功能的检验和抽样检测结果的资料核查，以及观感质量进行评价。

（1）验收主要内容包括以下几个方面。

1）分项工程。检查每个分项工程验收是否正确；查对所含分项工程，有没有漏、缺的分项工程，或是没有进行验收；检查分项工程的资料完整不完整，每个验收资料的内容是否有缺、漏项，以及分项验收人员的签字是否齐全及符合规定。

2）质量控制资料核查。核查和归纳各检验批、分项的验收记录资料，查对其是否完整；核对各种资料的内容、数据及验收人员的签字是否规范。

3）安全和功能检验（检测）资料核查。检查各标准中规定检测的项目是否都进行了验收，不能进行检测的项目应该说明原因；检查各项检测记录（报告）的内容、数据是否符合要求，包括检测项目的内容。所遵循的检测方法标准、检测结果的数据是否达到目的规定的标准；检查资料的检测程序，有关取样人、检测人、审核人、试验负责人，以及公章签字是否齐全等。

4）观感质量验收。观感质量验收是一个辅助项目，没有具体标准，由检查人员宏观掌握。

可以评为一般、好、差、有影响安全或使用功能的项目，不能评价，应修理后再评价。

（2）资料要求包括以下内容。

1）分部（子分部）工程所含分项工程的质量均应验收合格。

2）质量控制资料应完整。

3）地基与基础、主体结构和设备安装等分部工程有关安全及功能的检验和抽样检测结果应符合有关规定。

4）观感质量验收应符合要求。

5. 单位工程质量竣工验收

单位（子单位）工程质量验收由 5 部分内容组成，即分部工程、质量控制资料核查、安全和主要使用功能核查及抽查结果、观感质量验收、综合验收结论。每一项内容都有自己的专门验收记录表，是一个综合性的表，是各项验收合格后填写的。

资料要求包括以下内容。

（1）单位（子单位）工程由建设单位（项目）负责人组织施工单位（含分包单位）、设计单位、监理等单位（项目）负责人进行验收。参加验收单位应加盖公章，并由单位负责人签字，控制资料核查、安全检验资料及观感评定表，由施工单位项目经理和总监理工程师（建设单位项目负责人）签字。

（2）验收内容符合要求，验收结论以"同意验收"填写；不符合要求的项目，应进行相关程序进行处理。

（3）综合验收结论由建设单位填写，工程满足合格要求时，可填写为"通过验收"。

（4）建设单位、监理单位、施工单位、设计单位对工程验收后，其各单位的单位项目负责人要亲自签字，并加盖单位公章（注明签字验收的年、月、日）。

6. 单位（子单位）工程质量控制资料核查记录

资料要求包括以下内容。

（1）单位（子单位）工程质量控制资料核查记录表内容较多，应按 GB 50300—2001《建筑工程施工质量验收统一标准》逐项进行检查。

（2）由总监理工程师组织各专业监理工程师及施工单位项目经理进行核查、汇总，填写资料份数（不能按页数，按项目名称进行汇总）。

（3）核查意见为检查各项资料内容的结果，填写"符合要求"；核查人为各专业监理工程师；有合理缺项时用"/"注明。

（4）结论是对整个工程质量控制资料核查的结论性意见，应为"完整"；不完整时应进行处理，并由施工单位的项目经理签字，监理工程师核查后签字有效。

7. 单位工程安全和功能检验资料核查及主要功能抽查记录表

资料要求包括以下内容。

（1）单位（子单位）工程安全和功能检验资料核查及主要功能抽查记录表，应按 GB 50300—2001《建筑工程施工质量验收统一标准》逐项进行检查。

（2）由总监理工程师组织各专业监理工程师及施工单位项目经理对工程安全和功能检验资料核查，验收时对主要功能进行抽查。

（3）份数栏填写工程安全和功能检验资料的核查份数，写明意见，是否"符合要求"填入核查意见栏，当不符合要求时应进行处理。

（4）抽查结果是指对工程进行的主要功能抽查的结论性意见，符合要求时将"符合要求"填入抽查结果栏内。

（5）核查（抽查）人为各专业监理工程师，有合理缺项时用"/"注明。

（6）结论是对整个工程安全和功能检验资料核查及主要功能抽查的结论性意见，应为"完整"，不完整时应进行处理。

8. 单位（子单位）工程观感质量检查记录表

资料要求包括以下内容。

（1）工程观感质量检查是一个综合验收，包含项目较多，进行检查前应首先确定检查部位和数量。

（2）由总监理工程师负责组织各专业监理工程师、项目经理以及相关的主要技术、质量负责人进行检查。

（3）"抽查质量状况"栏中，一般每个子项目抽查 10 个点，可以设定代号表示，如"好"、"一般"、"差"分别用"√"、"△"、"×"表示。

（4）"质量评价"按抽查质量状况的数理统计结果，权衡给出"良好"、"一般"、"差"的评价。

（5）"观感质量综合评价"可由参加观感质量检查的人员根据子项目质量情况作出评价。

为确保工程的安全和使用功能，工程在建设过程中以及竣工时需要对工程进行安全和功能质量项目的抽验检查，工程安全功能检查措施是落实规范中"完善手段"的具体要求。

任务 2.3　水利工程竣工图的编绘

学习目标

知识目标： 能说出工程竣工图编绘的方法。

能力目标： 能针对工程情况正确选定工程竣工图的出图方法并编绘成册。

竣工图是建设工程在施工过程中产生的，用以真实记录建设工程竣工所编绘的图纸，是工程档案的重要组成部分。竣工图是工程图纸特有的一种编绘技术工作，应予以特别的关注。

首先，应当明确竣工图与施工图之间的关系。竣工图与施工图之间既有本质区别，又有非常紧密的联系。二者的区别在于：施工图是建设工程施工前产生的，是施工的依据；竣工图是建设工程施工过程中形成的完全反映工程施工结果的图纸，是工程建成后的真实写照。因此，施工图与竣工图是两个不同阶段的图纸，一个是施工阶段的图纸；另一个是竣工阶段的图纸，二者绝不能混为一谈。竣工图和施工图之间联系主要是：施工图是编绘竣工图的基础，施工图纸和施工时的设计变更、工程洽商记录等对施工图的修改是编绘竣工图的依据，竣工图是施工图实施后的记录，是施工图的事实结果，二者紧密相联。

其次，由于竣工图真实记录工程施工结果的性质，是其他工程文件不可替代的。因为，一是竣工图在工程竣工验收时，核查工程合同的履行、工程质量的检查、竣工验收核验等作为依据之一；二是建设单位在工程竣工后的运行过程中的管理、维护、修理，以至于工程的改建、扩建时也是以竣工图作为根据；三是工程规划、建设、管理发生纠纷时，竣工图可作为法律凭证；四是竣工图也可以作为工程建设经验总结、科学研究、技术交流的参考材料。因此，为保证竣工图的真实性、完整性，应对竣工图编绘提出严格的技术标准和制作要求。

第三，竣工图的编绘技术与施工图设计技术基本相同，因此，除采用工程设计使用的有关规范、标准作为竣工图编绘技术标准外，还要结合工程档案的特点和编绘竣工图的特殊要求提出编绘补充规定。

2.3.1　编绘竣工图的基本原则

为了竣工图能完整、准确、系统地反映建设工程建成后的实际情况，对编绘工作应从竣工图文件的收集、编绘方法和整理立卷等方面做出具体原则规定。

2.3.1.1　竣工图文件的收集原则

编绘竣工图所需文件材料，包括全部施工图纸和工程洽商记录、设计变更等文字修改文件，以及洽商图、变更图等图样修改文件。对施工图纸、图纸变更文件、修改图等的收集是编绘竣工图的前提，要认真对待。

1. 施工图纸的收集

在编绘竣工图时，应当有一套完整的施工图纸，作为编绘竣工图的重要依据。建设工程的施工是依据施工图进行的，施工图是施工的基础，即使有些变更也是局部变化，改变不了施工图的性质。因此施工图的收集一定要做到以下几点：

（1）施工图完整。包括设计单位绘制的总图、各专业图纸和有关说明，以及设计总说明、材料设备用表等。

（2）施工图纸的质量良好。施工图纸要图面清晰，晒制质量好。对于用施工蓝图改绘竣工图的图纸更要反差好，字迹线条清楚、无破损、无污染等。

（3）全部深化设计图纸。深化设计施工图是设计施工图的补充和完善，是施工图纸的组成部分，要精心收集，不得遗漏。

2. 变更图纸文件的收集

变更文件包括文字和图样修改文件。

（1）文字修改文件。文字修改文件指的是设计交底、设计变更、工程洽商记录和测量结果等涉及施工图纸的修改文件，即设计交底中有关对图纸修改的条款；设计变更中全部内容；工程洽商记录中除了经济洽商条款外的内容；测量成果中测量点位的实测数据。因此，文字修改文件要保证其文件内容的完整和表述准确，数据无差错。

（2）图样修改文件。图样修改文件是指设计变更图和工程洽商图。各种变更图、洽商图都是一种示意图的性质，要求绘图清晰，符号、尺寸等标注准确，说明清楚。

各种变更文件是在整个施工过程中逐渐形成的，拉的时间较长，要随时注意收集。变更文件的齐全、内容的完整和准确是编绘竣工图的首要条件之一。

3. 修改图的收集

修改图是工程设计部门将设计变更的内容直接在施工图上进行修正，用修正后的设计修改图代替原图或是对原图的补充，直接用于施工。修改图仍然是施工图，只是对原施工图根据设计变更做了部分修正。这种修改图有下列几种：

（1）设计修改图。某一张图纸因部分内容修改，设计人员将原施工图需要修改的部分进行了修正，重绘设计修改图用于施工，其标志就是将原施工图的图号加上了修改标志，如原施工图图号为"建5"，其修改图图号为"建5改"。

（2）部分修改图。某一张图纸的某一部分内容修改，设计人员只将这一部分图纸进行了修正，重新绘制了这一部分的施工图纸，作为原施工图纸的修改，将部分修改图及原图未修改部分一齐作为施工图用于施工。其标志就是对重新绘制的部分修改图在说明中予以说明，并在图名、图号中予以标明。如原施工图的图号为"结6"，重新绘制的部分修改图图号为"结6补"，图名用原图名，并在原图名下加写反映修改内容的副图名。

（3）补充图。某一张施工图纸某一部位的内容需要增加时，设计人员专门绘制补足原施工图内容的图纸，称为补充图。有此种情况的，一般是原施工图遗漏的内容或新增加的内容。补充图是属于施工图的一种，按施工图的要求和规定设计，补充到本专业图纸之后。补充图的明显标志是图号，图号的编写为补充图的图号，例如，建筑施工图中第二张补充图，图号编写为"建补2"。

修改图收集时要注意修改图的图号和修改时间，有时一张修改图进行了几次修改，其修改图出了几次，应以最后一次修改时晒制的图纸为其最终的修改图。

4. 特殊变更修改依据的补写和收集

在施工时由于临时改动或施工错误，或因其他原因在事前没有出具变更依据而对施工图的变更，此时，事后应及时补写工程洽商记录等修改文件或说明文件。不管是何种原因造成的与施工图不相符的施工结果，当事人应当负起责任，尽快将变更情况补写工程洽商记录或情况说明，并经有关部门的审核后出具变更文件，并注意归档。

（1）口头临时变更。此种情况一般是在施工单位、监理单位或设计单位现场工作人员在场的情况下，各方口头同意变更，事后施工单位要认真记录，补写工程洽商记录，当事人签字。

（2）施工差错。由于施工差错而与原施工图不符，在不影响工程质量和使用的前提下，经有关单位商定不做纠正时，应由施工单位补写情况说明和工程洽商记录，有关单位或责任人签字后，作为施工图的修改文件。

（3）质量问题的处理。工程施工出现质量问题后，应将质量问题详加记录，并将处理结果和采取的措施以工程洽商记录形式书写清楚，参加工程质量问题处理的单位及责任人签章，作为竣工图的修改依据。

2.3.1.2　竣工图编绘原则

编绘建设工程竣工图的原则是指编绘时必须按照国家发布的工程制图规范制图，内容必须完整和准确，正确地绘制竣工图标志，能全面真实反映工程建成后的实际，做到图实相符。具体要求如下。

1. 内容准确、完整

编绘的竣工图应按建（构）筑物建成后的实际绘制，做到内容准确和完整。

（1）种类齐全。建设工程涉及的总图和所有专业竣工图均应齐全。

（2）数量完整。每种专业的专业竣工图纸的数量要齐全，除设计图纸外，还包括深化设计图纸。

（3）内容齐全。每张图纸的内容均应绘制齐全。

（4）绘图准确。制图准确，与工程实际相一致。

2. 遵守工程制图规范

编绘竣工图是工程制图的一种，要遵守工程制图的规范和标准。根据竣工图的特点，还应注意以下几点。

（1）竣工图的内容。竣工图应参照施工图的系列出图，以防内容不全，包括竣工图、设计说明等。不同性质的专业工程，应按本专业工程规定的出图内容出图。

（2）竣工图的编绘。竣工图编绘应按国家和专业系统统一的制图规范进行，符合绘图的技术要求、专业图示等规定。

（3）竣工图纸的格式。采用国家制图规范规定的标准格式，注意图面的布置，以及图幅的幅面、图纸的比例、说明的文字等要求。

3. 正确绘制竣工图标志

由于竣工图是建设工程竣工阶段的图纸，必须绘竣工图的标志。竣工图的标志就是竣工图章或竣工图标。

（1）竣工图章用于利用施工图修改的竣工图。竣工图章在修改的图纸上加盖，以证明施工图纸经修改后，变为竣工图纸。

（2）竣工图标用于绘制的竣工图。根据建设工程建成后的实际绘制的竣工图，要求在竣工图纸上绘制竣工图的图标。竣工图的图标应具有一般图标栏包括的内容和反映竣工图特殊要求的有关内容。

2.3.1.3 竣工图整理立卷原则

竣工图的整理立卷应按建设工程文件归档整理规范进行。竣工图的整理立卷原则除遵循形成规律和图纸之间的联系，结合专业特点，便于保管和利用外，还应特别注意以下几个方面。

1. 按专业分类

竣工图种类要按专业划分，并按专业独立整理立卷。

竣工图分类时，应按专业严格分开，每一个专业按本专业组成独立的竣工图卷。例如，一般的建筑住宅工程划分为建筑、结构、给水排水、采暖、通风与空调、电气、电梯等专业竣工图。

2. 按顺序编写图号

一个专业的竣工图纸一般沿用施工图图号编写的规定，即按顺序编写。在特殊情况下，图号的编写应按下述要求确定：

（1）图纸减少。用施工图改绘竣工图时，当某一套专业图纸某张或某几张不再需要，须剔除，在这套竣工图中就减少了其中一张或若干张图纸。此时的做法是：将剔除的图纸在图纸目录中取消（划掉），将图纸从这套图纸中剔除，这套图纸不再重新编写图号，只是剔除的图纸原图号为空号。

（2）图纸增加。用施工图改绘竣工图时，当某一套专业竣工图纸增加了一张或若干张时，图号编写方法为：增加图纸的图号按本专业图纸补图编写图号，补在本专业图纸之后。如建筑竣工图共有补图 3 张，其图号应编为"建补 1"、"建补 2"和"建补 3"，放在本专业图纸最后，并在图纸目录上按顺序增补上。

（3）修改后重新绘制的图纸。修改后重新绘制的图纸有两种情况，一种为整张图纸修改后重新出图，另一种由于部分修改，本图一部分重新出图。第一种情况重新编写图号，一般在原图号后加"改"字，如"结 5"，修改后重新出图，其图号变为"结 5 改"。"结 5改"应代替"结 5"，原"结 5"剔除。第二种情况某张图纸部分重新出图，此时按增加图纸对待，编写补图的图号，但应在原图和补图说明中予以说明。

3. 按图号顺序排列

每一专业竣工图纸的排列应按图号顺序排列。

（1）图纸排列顺序。图纸封面、图纸目录、专业图纸（从"1"开始顺序排列）。

（2）补图排列在本专业图纸的后面，从补图"1"开始顺序排列。

（3）遇到空号时，空号后面的图纸依次前提。

2.3.2 竣工图的类型及编绘要求

竣工图的类型是以编绘竣工图采用的图纸形式和编制方法进行划分的，应根据建设工程特点选择适当的竣工图的类型和编绘要求。

2.3.2.1 竣工图的类型

依据竣工图编绘时是否利用原施工图把竣工图分为绘制和改绘两种类型，在改绘的竣工图中又根据修改方法的不同，如直接在施工蓝图上修改，在施工图二底图上修改，在计算机上对施工图进行修改 3 种情况进行划分。归纳起来可分为 4 种类型的竣工图：

（1）绘制的竣工图或称重新绘制的竣工图。

（2）在计算机上修改输出的竣工图。

（3）在二底图上修改的竣工图。

（4）利用施工蓝图改绘的竣工图。

2.3.2.2　编绘竣工图基本要求

要遵守国家制图规范、标准、规定；图面整洁，线条、字迹清楚；利于长期安全保管。

1. 按制图标准修改

编绘竣工图要遵守工程制图标准，并做到以下几点：

（1）绘制竣工图时，要遵守工程制图标准，与施工结果相一致。

（2）利用施工图进行修改时，凡是工程建成后与原施工图不相符的内容，均要用绘图的方法在施工图上进行修改，做到图实相符。不允许只用文字说明代替绘图修改，更不允许在图纸上抄录工程洽商记录或附上洽商图等修改依据来代替图纸修改。

2. 图面整洁，线条、字迹清晰

（1）绘制的竣工图及其晒制的蓝图要保证图纸质量，图面整洁、干净，无污染线条、字迹清楚。

（2）修改的竣工图。修改后的图纸图面整洁、清晰、无污染、无覆盖，不允许有线条、字迹模糊不清，更不允许有涂抹、补贴等现象。

3. 绘图及标注要准确

绘图采用工程图规定的绘图方法及规范要求的统一格式和统一符号，竣工图的内容、说明和标注要准确。对于用施工蓝图改绘的竣工图，修改的部位必须标明变更依据；对于利用二底图改绘的竣工图必须做修改备考表，对于在计算机上修改输出的竣工图也要做修改备考表，以备修改内容与修改依据相对照。

4. 绘图应注意的事项

绘图时除应遵守国家制图规定外，还特别强调以下几点：

（1）绘图一定要使用绘图工具。编绘竣工图，不论是重新绘制的，还是改绘的，都要使用绘图工具绘图，不允许徒手涂画。

（2）注字要写仿宋字。注字要以仿宋字为基本字体，字体的大小与原图采用的字体大小相适应，严禁错字、别字和草字。

（3）使用绘图规定的黑色墨水。在绘图和注字时一定要用黑色墨水，严禁使用圆珠笔、铅笔和非黑色的墨水。计算机出图也要用黑色线条，并黏接牢固。

（4）修改的内容不得超过原图框。竣工图要采用国家规定的标准图纸，在绘图或修改时，其内容和有关说明均不得超过标准图纸的图框。

5. 一套工程竣工图允许有几种类型的竣工图纸

一个建设项目整套竣工图纸，单位工程竣工图纸，一个专业的竣工图纸，均允许几种类型的竣工图纸同时存在。但应注意，凡是整套建设项目竣工图或单位工程竣工图、或某一个专业的竣工图为重新绘制的竣工图时，其中不得有其他类型的竣工图纸。

用绘图的方法，真实、准确地记录工程竣工现状所绘制的图纸，称为绘制的竣工图，也可称为重新绘制的竣工图。绘制的竣工图作为竣工图的一种类型，其优点和不足都非常明显。其优点：绘制的竣工图的优点是能完整、准确地绘出全套工程图纸。①能真实反映工程实际。绘制的竣工图是在工程施工结束编绘的，容易做到图实相符。②能保证编绘质量。绘制的竣工图的绘制方法和要求按规范、标准推行，尤其对施工条件复杂、施工图变动多、竣工图精度要求高的工程，更能保证编绘质量。③解决了由于施工图纸不完整、绘图不符合国家标准要求等带来的用其他编绘方法难以解决的麻烦问题。绘制的竣工图不足之处主要是工作量大、用时长、时间紧、花费高。

编绘竣工图可选用绘制竣工图的方法，但必须采用绘制竣工图方法的条件，对于管线工程和除管线工程以外的一般工程是有所不同的。对于一般工程无论何种性质的建设工程，均可采用绘制竣工图的方法编绘竣工图，但有下述情况之一的必须采用。①建设工程的平面布置改变、结构形式改变、项目内容改变、工艺改变等重大变更的图纸，因这些重大改变牵涉图纸大面积修改或图纸性质改变，必须重新出图。②一张图纸的变更部分超过本图的1/3。这属于图纸幅面变更过大，难以保证用其他方法改绘后图面整洁和绘图的质量。③图纸图面混乱、模糊、分辨不清。这是指有质量问题的图纸，在用其他方法进行图纸修改时，图面难以达到质量标准。④内容不完整、不准确的图纸。这是指在施工图设计时没有绘制清楚的图纸，或设计质量差的图纸，应重新绘制。⑤破损的图纸。图纸已破损，无法经修补使图纸恢复原样，采用重新绘制竣工图是唯一的选择。

对于管线工程，除一般工程中各种重新绘制竣工图的条件适用外，还有一些特殊情况，仍要求重新绘制竣工图：①平面位置变动，长度超过工程总长的1/5，或长度缩短工程总长的1/5；平移（与路管正对）变动超过2m以上；②竖向位置变动，多处（3处以上）竖向位置变动，或遇到未注明的地下其他管线、地下设施交叉等情况；③管道断面、形状和尺寸变化，管道材质变更；④管道埋设地点移动。

2.3.3　绘制竣工图的方法

绘制竣工图的方法与绘制施工图的方法相同，这里不再叙述。根据竣工图的特点和编绘方法的特殊性，对绘制竣工图提出一些特殊的要求。

2.3.3.1　一般要求

绘制的竣工图应满足以下要求：

（1）绘制竣工图时要参照原施工图。竣工图出图的序列和数量要参照原施工图，并符合有关规范规定。

（2）要严格执行工程制图的绘图标准、图纸规格、图示和编绘要求。

（3）设计说明经修改后作为竣工图的说明。

（4）要绘制竣工图标。

2.3.3.2　管线竣工测量成果的绘制

竣工图要能正确反映地下管线竣工测量的测量结果。

1.管线点位和数据标注

管线竣工测量的点位编号、测量数据应当准确地标注在竣工图上。尤其是管线的起点、终点、折点、分支点、变径点、变坡点、材质变更处、与沿线其他管线、设施相交叉点等位置一定要设点位。

2．设施点位和数据的标注

管线设施点的位置测量数据应如实地反映在竣工图上。设施点指的是检查井、小室、人孔、管线进出口、预留口等。如进行了管线设施平面、立面、形状及有关特性数据测量的，应准确地绘出设施的位置图、设施的大样图，并标明具体测量数据。

3．栓点法测量成果的展绘

在管线竣工测量中一般采用解析法测量，但也有采用栓点法测量的。栓点法也叫图解法。栓点法实测数据和栓点位置应直接绘在竣工图上或绘栓点大样图。栓点大样图是新建管线与周围栓点物位置之间的关系图，绘图应准确，并标注实测数据。

2.3.3.3 几种方式的出图

1．计算机改绘

利用工程设计软件在计算机上绘制的工程施工图，或利用相应软件将工程施工图扫描到计算机中，在计算机上根据施工结果对施工图进行修正，输出修正后的图纸，并在图纸上加盖竣工图章，便形成在计算机上修改输出的竣工图。修改工作是在计算机上完成的，可以认为是利用计算机进行工程设计工作的继续。在计算机上修改输出的竣工图有其他类型竣工图不可比拟的优点，但也存在着缺憾。

优点：①利于施工图设计人员直接参与竣工图的编绘。工程设计人员在施工图设计时使用的软件以及形成的设计成果非常熟悉，对施工图的修改比较容易在计算机上完成，做到准确、省时、省力。利用扫描技术在计算机上进行图纸修改，对熟悉计算机的设计人员和施工技术人员来说也比较容易完成。②修改后输出的竣工图可以保证质量。设计人员或工程人员的技术水平和对工程的熟悉程度能保证竣工图的绘制质量，计算机打印输出的图纸一般能做到图面清洁、线条字迹清楚，能达到图纸质量。③利用计算机修改能做到与施工同步进行。在施工前，凡与施工图不相符的内容可在计算机上进行修改，改后出图用于施工，也可以在施工后根据设计变更、工程洽商记录等变更依据，及时对施工图进行修正，做到图纸修改与施工同步。

缺点：①要有一定的资金投入。要有计算机、输出等设备和相应的软件，这些计算机设施和必备的软件是物质基础，也是必备的工作条件，因此要有一定的资金投入。②要有熟悉计算机及相应软件的工作人员。操纵计算机和设备的人员要有较高的技术水平、专业知识和动手能力，因此要配备既懂专业，又熟悉计算机的工作人员。

（1）在计算机上改绘的方法和要求。在计算机上修改输出的竣工图是利用施工图进行改绘的一种方法。一般程序是：在计算机上根据图纸变更依据对设计施工图进行修改，全部修改完成后一次性输出，并在输出的图纸上加盖竣工图章。

1）改绘方法。将施工图上无用和废弃的线条、数字、符号、字迹等全部去掉，在实际位置上绘出修改时增加的线条、数字、符号、字迹等内容。在图纸上将去掉和增加的内容应列出备考表，将修改内容和修改依据等写清楚，以备查考。修改完毕后，将修改后的图纸输出纸质的图纸，并在图纸上加盖竣工图章，也可以将修改后的图纸压制成光盘输出，与纸质竣工图一起归档。

2）改绘要求。在计算机上修改输出的竣工图应按修改要求精心绘制，并绘修改备考表和在输出的图纸上加盖竣工图章。

a. 修改要求。在计算机上修改比较容易做到：图纸上应去掉的内容抹去，应增加的内容补绘上。但要注意制图的规范性、内容的真实性，并保证改绘精度。在计算机上制图遇有精度要求时，如地下管线的位置，应采用实际坐标值在数字化地形图上进行绘制。

b. 修改备考表。修改备考表记录原设计施工图上去掉和增加的内容，及其修改的依据。修改依据为工程洽商记录、设计变更等修改依据的文件编号（或修改日期）；修改内容为具体的修改部位、修改内容；修改人为实施图纸修改的人员，应签字并注明修改日期。修改备考表将修改依据和修改图纸之间相对照，便于查找，修改人签字，以示对图纸修改负责。

c. 加盖竣工图章。输出的竣工图为纸质图纸时，要求在每张图纸上加盖竣工图章，完成图纸修改的最后一道工序。竣工图章和修改备考表中的责任人所负责任的范围不同，竣工图章上的责任人是对本张图纸负责，而修改备考表上的修改人，只对其中某一条修改负责。

（2）成果的输出。在计算机上修改输出的竣工图其成果为输出打印的纸质图纸或压制的光盘。目前，根据存档要求，只有纸质竣工图才有法律效力，因此，纸质竣工图必须存档，而光盘尚没有明确的法律依据，但提供利用是比较方便的。

纸质竣工图是在计算机上修改、打印机输出的白图或输出的底图再晒制的蓝图，白图、蓝图均可作为存档用图。

光盘不但要有修改后全部竣工图的成果，还要有绘制竣工图使用的专用软件，以满足竣工图的输出。目前要求光盘与纸质竣工图同时存档。

2. 二底图上修改竣工图

在利用设计施工图底图或蓝图采用机器复制的办法制成的二底图上，将工程洽商记录、设计变更等需要修改的内容进行修正，使修改后的二底图与工程实际相符，并在修改后的二底图或由它晒制的蓝图上加盖竣工图章，用这种方法编绘的图纸叫做在二底图上修改的竣工图。

在这个定义中，首先要再清楚什么是二底图，所谓二底图是利用原设计施工图底图或蓝图用复印机制成的底图（硫酸纸图）；其次熟悉在二底图上进行修改的方法和要求；第三，修改完毕后的图纸，要成为真正的竣工图还要加盖竣工图章。在二底图上修改的竣工图具有以下的优、缺点：

优点：①修改与施工同步进行。在二底图上修改应在设计变更、工程洽商记录等修改文件下达后便进行修正，用修改后的二底图晒制成蓝图用于施工，做到施工按施工图纸进行，这样便做到了每次图纸修改工作都在施工前完成。②能保证绘制质量。在二底图上修改一般由设计人员来完成，即使不是设计人员修改，也要由设计人员检查认可并签署意见后才能用于施工，这样可避免绘图错误、遗漏修改内容等问题发生。

缺点：利用二底图改绘竣工图不足之处在于修改时间紧，质量要求高。修改时间紧是显而易见的，特别是一次改动范围比较大，内容比较多，而又马上用于施工时更显得紧张。修改时间紧对修改人员压力大，因修改后的图纸直接用于施工，不允许出现差错，质量要求高。出现差错就会直接影响工程质量，甚至发生工程事故。

（1）修改方法。在二底图上修改的竣工图主要采用的修改方法是：刮改和绘修改备考表。

1）刮改。凡是图纸修改后无用的数字、文字、线段、符号等均应刮掉，而需要添加的内容均须用绘图的方法在图纸修改处绘制和书写。刮改时要注意刮改质量：一是对刮掉的内容不要留痕迹；二是不能刮破而影响图纸质量；三是不能因多次修改而影响图面的质量，要做到图面整洁、字迹线条清晰。

2）绘修改备考表。在二底图上应绘修改备考表，其形式与在计算机上修改输出的竣工图中的修改备考表相同。做到修改的依据和修改部位及内容与修改依据文件相一致。修改备考表的内容包括修改依据、修改部位（内容）、修改人和修改日期。修改备考表一般应绘在图标栏上方或专门设置的位置。

3）加盖竣工图章。利用二底图修改完成的竣工图底图或由它晒制的蓝图必须加盖竣工图章。

（2）修改注意的问题。在二底图上修改的竣工图修改时要注重图纸修改质量，内容要准确。

1）修改备考表内容的填写要准确。修改备考表中各项内容要反映出已在图纸上实施修改的结果与工程洽商记录、设计变更等修改依据相一致。

修改依据，指的是设计变更、工程洽商记录等修改文件的编号或日期，应能在施工文件中易于查找。

修改内容（部位），即修改的位置和修改的内容，应该用简洁的语言叙述清楚，如果用文字难以表述清楚时，也可以采取用细实线画出修改范围的办法进行描述。

修改人，即实施修改的责任人，也包括进行审查的人员。

修改日期，即实施修改的时间，应注明年、月、日，是在工程洽商记录、设计变更等修改依据文件签署的时间之后，在施工之前。

2）图面达不到质量标准应进行技术处理。在二底图上进行多次反复修改，免不了会出现图纸图面或局部图面模糊不清、图纸破损等问题，此时应对二底图进行技术处理。大部分图面模糊不清或图纸破损较大可采取重绘，部分不清楚可以采用重描，破损的部位不大或较轻，可以采用修补等措施，使图纸图面符合质量标准。

3）没有修改的二底图转作竣工图要加盖竣工图章。在施工时，某张施工图纸按图施工未做任何修改，这样的二底图或由它晒制的蓝图加盖竣工图章后，便作为竣工图。

3. 利用施工蓝图改绘的竣工图

利用施工蓝图改绘的竣工图是在施工蓝图上用作图的方法，对凡与建设工程建成后的实际不相符的内容进行修改，标注修改依据，并将修改后的蓝图加盖竣工图章形成的图纸。利用施工蓝图改绘竣工图的方法是目前普遍采用的编绘竣工图的方法，因为它具有比其他类型竣工图更多的优点和实用性。

优点：利用施工蓝图改绘竣工图的优点是修改方便、投资少、见效快。①修改方便。在施工蓝图上修改可在施工过程中进行，也可在施工完成后进行，不受时间的限制；凡是熟悉施工情况，具有修改技术能力的人均可实施修改，可多人一起参加，不受人员限制；修改工作可随时进行，不受地点及工作条件的限制。②投资少。利用施工蓝图改绘的竣工图比其他类型的竣工图花费要少，它只使用施工蓝图就可以进行改绘，不需要专门的设施和设备。③见效快。因在施工蓝图上修改不受设备及工作条件限制，随时随地便可进行，时间松时，可投入较少的人力，时间紧时，又可以集中较多人力抢时间，能满足编绘竣工图的时间要求。

缺点：利用施工蓝图改绘竣工图的缺点是竣工图图面和绘图质量均难以达到其他类型竣工图的编绘质量。①图面较乱。利用施工蓝图改绘的竣工图修改前应去掉和修改后应增加的内容同时存在，又要标注修改依据，使图纸图面内容多，显得比较乱，甚至有时难以分辨清楚。②绘图质量较差。施工人员的绘图技术比起专门的设计人员绘图技术要差些，又参与改绘竣工图的人员比较多，技术水平参差不齐，绘图技巧掌握各不相同，改绘的图纸质量相差较大，因此，绘图质量较差是普遍存在的。

（1）修改要求。利用施工蓝图改绘竣工图要满足以下要求。

1）应有一套完整的新施工蓝图。施工蓝图是改绘竣工图的基础，因此要有一套内容完整、反差质量好的新施工蓝图。①内容完整。整套施工蓝图要专业齐全，包括施工图纸和深入设计图纸，每个专业的图纸内容都要完整，不能缺少其中任何一张。②反差质量好。每一张施工蓝图的晒制质量要反差大，图面清晰，应是没有使用过的保存良好的新蓝图。

2）应将修改的内容全部改正。在施工蓝图上改绘竣工图要注意内容修改和修改依据的标注。①修改内容是指设计变更、工程洽商记录、设计交底等提出的有文字依据的修改内容，也包括没有来得及提供修改依据而实际施工时变更了的内容，以及工程竣工测量形成的测量成果，均应按照工程竣工后的实际情况全部准确地在施工蓝图上予以改正。②修改依据标注。每一内容的修改均应按规定方法标注修改依据。

3）应采用简单易行的修改方法。在施工蓝图上修改可视图面情况、改绘范围、修改内容、繁简程度等选用不同的修改方法，一般分杠改法、叉改法、补绘法、补图法和加写说明法，合理采用这些修改方法均能较好地达到修改目的和保证改绘质量。

4）应加盖竣工图章。经过修改和未修改的施工蓝图转作竣工图时，必须加盖竣工图章。

（2）改绘方法。利用施工蓝图改绘竣工图的方法归纳起来有5种：杠改法、叉改法、补绘法、补图法、加写说明法。

1）杠改法。杠改法是利用施工蓝图改绘竣工图的一种基本方法，适用于数字、文字、符号的修改。

a. 杠改法定义。杠改法是在施工蓝图上将取消或需要修改的数字、文字、符号等内容用一横杠杠掉（不是涂抹掉）表示取消，在适当位置补绘修改后的内容，并用带箭头的引出线标注修改依据的方法。

b. 适用范围。杠改法一般适用于尺寸、数字、设施点的编号和型号、门窗型号、设备型号、灯具型号和数量、钢筋型号和数量、管线和测量点的编号、坐标及高程值、注解说明的数字、文字、符号等的取消或改变。

c. 具体做法。杠改法的具体做法分为取消、修改、标注3步。

（a）取消。将施工图上取消的内容，即修改前的数字、文字、符号用一横杠杠掉，表示取消，达到能看清原设计的内容又知道已被取消的目的。表示取消只划一横杠，不允许划几道杠，更不允许涂抹。

（b）修改。属于修改的内容，应在取消的内容附近空白处补上修改后的新内容。特别注意附近二字，应能表示清楚是本处修改后的内容。另外，凡文字、数字、符号补写在图纸上时，也属于填加的内容。

（c）标注。标注指的是修改依据的标注。一般标注修改依据的办法是从修改处划一带箭头的引出线，箭头指向修改部位，在引出线上标注修改依据。修改依据的写法是"见×（年）、×（月）、×（日）洽商×条"或"见×号洽商×条"。如无依据性文件时，应注明"无洽商"和必要的说明。用带箭头的引出线标注修改依据的目的是要与图纸中的引出线相区别，箭头指向修改部位是表明修改位置。

2）叉改法。叉改法也是利用施工蓝图改绘竣工图的一种基本方法，适用于线段、图形、图表的修改。

a. 叉改法定义。在施工蓝图上将应去掉或修改前的内容，打叉表示取消，在实际位置绘出修改后的内容，并用带箭头的引出线标注修改依据的方法，称为叉改法。这种方法与杠改法一样是经常使用的修改方法。

b. 适用范围。叉改法一般适用于线段、图形、图表的取消或改变，如剖面线、尺寸线、图表、大样图、设施、设备、门窗、灯具、管线、钢筋等的取消或改变。叉改法是杠改法难于表示取消的内容，应使用叉改法进行修改。

c. 具体做法。叉改法的具体做法与杠改法一样，有取消、修改、标注3个步骤。

（a）取消。将取消和修改前的内容，属于线段、图形、图表的，用打"×"表示取消。如取消的内容面积大或长度长，打一个"×"难于表示清楚时，可以打几个"×"，以表示清楚为准。

（b）修改。属于修改的内容，应正确地在施工蓝图上绘制。绘制应按照修改依据和施工结果，在实际位置上完整、准确地绘出。绘图时要注意绘制的技巧和精度，特别是管线工程的绘制要满足精度要求。

（c）标注。标注修改依据的方法与杠改法相同。

3）补绘法。补绘法是利用施工蓝图改绘竣工图的常用方法之一，提出了对补充或修改的内容在原图上绘制的方法和要求。

a. 补绘法定义。在施工蓝图上将增加、补充、遗漏的内容按实际位置绘出，或将增加和需要修改的内容在本图上绘大样图表示，并用带箭头的引出线标注修改依据的方法称为补绘法。补绘法改绘竣工图，应注意可在原图实际位置绘出，也可以在本图空白处绘制大样图表示。

b. 适用范围。补绘法适用于设计新增加的内容、设计时遗漏的内容、设计时暂时空缺的内容等在蓝图上的绘制，一般要按施工结果补绘在实际位置上，如果增加、补充和修改的内容绘制在本图实际位置上有困难，或补绘后图面混乱、分辨不清等影响图纸质量时，也可在本图空白处绘大样图补绘。

c. 具体做法。补绘法的具体做法分为绘制、标注二步。

（a）绘制。绘制分按实际位置绘制和绘大样图绘制两种。按实际位置绘制是将增补和修改的内容，按实际位置、比例和制图规范要求将增补和修改的内容完整、准确地绘制在实际位置上，要满足图面清晰等质量要求。绘大样图绘制是将增补和修改的内容在本图的空白处绘大样图予以补绘。绘制大样图要按制图规范进行，应选择适当的比例、图面，准确地绘制。在实际位置和大样图位置分别标明绘制大样图的标识和大样图的图名。

（b）标注。对于补绘法标注修改依据的要求与杠改法相同，但应注意修改依据的标注要在修改处（实际位置）和绘大样图处均要标注。

4）补图法。补图法是利用施工蓝图改绘竣工图采用绘补图来完成对图纸的修改和补充，也是一种常用的方法。

a. 补图法定义。当某一修改内容或增补的内容在原施工蓝图上无法改绘，或在原施工蓝图上改绘将造成图面混乱，难以绘制清楚时，采用另绘补图完成修改，这种利用绘补图修改的方法称为补图法。补图法是补绘法的一种补充形式。

b. 适用范围。补图法适用于某一修改或增补的内容在原施工蓝图上实际位置和本张图纸空白处难以绘制时，采用绘补图来实现对修改内容的修正或补充，既能达到修改目的，又能不破坏原施工蓝图的质量。实际上设计单位在补充新增加内容时常采用绘补图的方法，而利用施工蓝图改绘竣工图时采用补图可看作是设计人员绘补图的延续。

c. 具体作法。绘补图的具体做法分为绘补图和标注修改依据两步。

（a）绘补图。根据修改的部位和修改的内容用制图的方法在图纸上正确绘出图形，绘制的补图可能为剖面图、大样图、图表等不同形式的图面，要求每幅图均应书写图名。应根据绘制补图的内容和图面的大小选择不同规格的图纸。在一张补图上可以绘制几个不同图号、不同部位的修改图，只要能区分开来即可。特别注意每张补图都要绘制图标，图标可按本套施工图纸的图标形式绘制，并统一编写图号，按本张图纸的内容编写图名。

（b）标注修改依据应当做到前后呼应。首先，在需增补或修改的原施工蓝图修改位置处标注修改依据，有必要时应画出修改范围，并标注补图（或修改图）的图名和必要的说明，以及补图（或修改图）所在补图的图号等；其次，在绘制的补图（或修改图）的补图位置标注修改依据，同时注明本修改图是哪张图纸（图号）哪个部位的补图（或修改图），使修改依据的标注做到原图和补图前后呼应，易于查找；最后，当某一张补图上有几个修改图时，应当分别标注修改依据和说明。

5）加写说明法。加写说明法是利用施工蓝图改绘竣工图的一种特殊形式，凡能用绘图的方式进行改绘的，一律不要加写说明。

a. 加写说明法定义。凡在施工蓝图上用文字表述图纸的修改和补充，或在施工蓝图上绘图修改后仍需加以简要文字说明达到修改目的的办法，称为加写说明法。加写的文字说明应尽量简单、精练，一目了然。

b. 适用范围。加写说明法一般适用于：施工图上说明类型的文字修改；修改依据的简化标注；用作图法修改后仍需必要的文字说明才能完全表述清楚；改绘后的修改图纸须适当加写必要的说明等。

但应注意的是，凡是能用绘图方法进行修改的内容一般采用作图的方法修改，一律不必加写说明。

c. 具体做法有以下几种。

（a）说明文字的修改。在施工蓝图上将取消和修改前的说明文字用杠改法取消，将需增加或修改的内容在适当的位置用精练的语言书写，并标明修改依据。

（b）依据简化标注。简化标注就是一张图纸上对同一内容多处修改时，其修改依据的标注可采用简化标注。如某条工程洽商记录对一张电气施工图上 30 盏灯的型号改变了，不必将每盏灯位置都标注修改依据，可采用简化的形式标注。即 30 盏灯的型号修改后，修改依据只标注在一盏灯位置，但要标明盏数。

（c）修改简要说明。当某一修改内容，用作图的方法在施工蓝图上已做了修正，但有些表示仍不太明了，可加写简要说明（注解）。如某一条工程洽商记录，隔墙原 24 厚砖墙，改为 40 厚加气块墙，因砌墙的材料发生变化，在其厚度用杠改法修正后，可在修改依据上加写简要说明，将材料变化说清楚。

（d）补充说明。对修改部位、使用材料等做注解说明。例如，原上水管设计为钢管，施工时改为 PC 管。此时可在应修改的图纸说明中加写有关钢管改为 PC 管的说明，并在说明条款处标注修改依据即可。

（3）改绘注意事项。利用施工蓝图改绘竣工图方法从编绘技术、制图规定、内容要求、绘图特点等方面提出以下注意事项。

1）按图施工的图纸。按图施工没有任何改动的图纸，应在施工蓝图上加盖竣工图章，此图即为竣工图。

2）施工蓝图的封面。对于施工蓝图的封面应加盖竣工图章后作为竣工图归档。如图纸封面上的内容有变化，应如实改正，如工程名称变更、工程号变更或其他有关内容变更，均应按新的工程名称、工程号和其他变更后的内容改正。

3）施工蓝图的目录。对于施工蓝图的目录应加盖竣工图章后作为竣工图归档。凡有作废的图纸、增加的图纸、补充的图纸、修改的图纸均应进行修正和补充，但不必标注修改依据。

a. 作废的图纸。对作废的图纸应采用杠改法在目录上取消，即在目录上将该张图纸的图号、图名、页次等用一横杠杠掉。

b. 增加和补充的图纸。增加和补充的图纸均要以补图的图号补在本专业图纸目录之后。即在目录上列出本补图的图号、图名、页次等项内容，按补图的图号顺序填写。

c. 修改的图纸。修改的图纸指的是图名、图号的修改。在目录上应按修改后的图名、图号予以修正。例如，图号原为"结 5"，经设计单位绘制修改图后改为"结 5 改"，在目录上应将"结 5"修改为"结 5 改"，即在"结 5"的后面加"改"字。图名的修改，将原来的图名用一横杠杠掉，在适当的位置写上修改后的图名。

d. 如原目录上有建设项目的建筑面积、工程造价等内容时，也应用杠改法按工程竣工后的实际对建筑面积、工程造价等进行修正。

4. 施工修改图

当某一张施工图由于变化较大，设计单位依据修改内容重新绘制了修改后的施工图，此时，应以修改后的图纸代替修改前的图纸归档，修改前的图纸不再归档。特别要注意施工图经多次修改，出多次修改图时，只保留最后一次的修改图。

5. 部分修改图

当某一张施工图进行了部分修改，设计单位依据修改内容重新绘制了本图的纸应当无污染、无覆盖等现像。

2.3.4　竣工图章

竣工图章和竣工图标是竣工图的标志。施工蓝图上加盖竣工图章，本张图纸就由施工阶段的图纸变成了竣工阶段的图纸；用二底图改绘的竣工图在改绘的二底图或晒制的蓝图上加盖竣工图章后，便成为竣工图；在计算机上修改后输出的图纸，加盖竣工图章后，便成为竣工图。绘制的竣工图要绘制竣工图标。

2.3.4.1　竣工图章（标）的内容

竣工图章（标）的内容以表述图纸性质和制作责任为重点。

1. 竣工图章

竣工图章的基本内容应包括：有明显的"竣工图"字样和编制单位名称、制图人、审核人、技术负责人和编制日期，对监理单位实施工程档案监理的工程应有监理单位名称、总监和现场监理，竣工图章的式样建议用以下两种形式：

（1）无监理或监理单位不实施对工程档案进行监理的工程，采用简单形式的竣工图章，尺寸为 70mm×50mm。

（2）监理单位对工程档案实施监理的工程采用施工单位编制，监理单位监理的较为复杂的竣工图章形式，尺寸为 80mm×50mm。

2. 竣工图标

竣工图标的基本内容除竣工图章上的内容外，还应包括工程名称、工程号，以及本图的图号、图名、比例等项内容，如本工程档案由监理单位监理还应有监理单位名称、总监、现场监理等项内容。

强调的是如无监理或监理单位不负责工程档案监理，竣工图标后一项监理单位及有关内容应取消，尺寸改为 120mm×56mm。

2.3.4.2　竣工图章（标）的位置

1. 竣工图章

利用施工蓝图改绘的竣工图、在计算机上改绘输出的竣工图和在二底图上修改的竣工图，竣工图章加盖的位置在原图标栏右上方。如此处有设计或修改的内容，可在原图标栏附近加盖，如原图标栏附近均有内容时，可在图标栏周围找一个内容比较少的地方加盖。总之，竣工图章不得离开原图标。

2. 竣工图标

绘制的竣工图图标应绘制在图纸的右下角，与施工图图标的位置相同。

2.3.4.3　竣工图章（标）的签章

认真填写竣工图章（标）上的各项内容，要齐全完整。

编制单位是具有编绘竣工图能力，并能为建设工程竣工图长期保存负责的法人单位，不能是临时机构和无编制技术能力的单位。一般是由施工单位编绘，目前，设计单位、监理单位和有编制能力的单位也积极参与竣工图编绘工作。制图人、审核人、技术负责人是本张竣工图实施修改审核人员，要对本张图纸修改负责。特别强调技术负责人是对图纸修改负技术责任，因此要求具有工程师职称或工程师职称以上的工程技术人员承担。监理单位是本工程的监理，应当根据合同的条款实施对竣工图编绘的监理，负有对竣工图编绘是否完整、准确、系统的监理责任。因此，监理单位和实施监理工作的总监和现场监理签字，以示负责。

2.3.4.4 图纸的封面、目录加盖竣工图章的规定

利用施工蓝图改绘的竣工图，在计算机上修改输出的竣工图，利用二底图改绘的竣工图的封面、目录均要加盖竣工图章，与其他图纸一齐归档。竣工图章加盖的位置在封面、目录的右下角。

重新绘制的竣工图，其封面、目录不绘制竣工图标，这与施工图的做法相同。

任务 2.4 水利工程档案立卷

学习目标

知识目标：能陈述水利工程档案立卷的方法。

能力目标：能对整理的工程资料进行立卷。

2.4.1 立卷原则

工程档案的立卷应遵循构成工程文件材料的形成规律，按照档案组卷的基本原则和方法，将有价值的工程文件分门别类地整理成案卷。即工程档案立卷时，在 GB/T 11822—2000《科学技术档案案卷构成的一般要求》原则的基础上，结合工程档案专业特点和要求进行。

工程档案立卷的原则要符合档案立卷的规律以及建设项目和单位工程档案立卷应遵守的具体规则。

2.4.1.1 档案立卷的规律

工程档案的立卷应遵循的规律是工程文件的自然形成规律，保持卷内文件的有机联系，便于档案的保管和利用。

1. 自然形成规律

工程文件自然形成规律是立卷首先应遵循的原则。工程文件是在工程建设过程中由不同的参建单位分阶段、按程序逐渐形成的。在建设工程实施过程中，由参与建设各专业单位形成各种专业文件，如施工单位、监理单位、设计单位形成的施工、监理、设计文件。形成的各种不同性质的工程文件应按形成规律汇集起来，并按工程档案组卷顺序整理立卷，使形成的案卷符合自然形成规律。

2. 保持卷内文件的有机联系

工程建设过程中形成的各种工程文件，它们之间是紧密相连的。应分清哪些文件联系比较紧密，哪些文件联系不很紧密，应将联系紧密的文件放在一起，把联系比较紧密的文件应当组卷在一起，把联系不很紧密的文件可适当分开。例如，请示与批复、主件与附件等不能分开必须放在一起；同一专业的文件联系比较紧密，应当集中进行收集和整理，而联系不很紧密的，如施工文件、监理文件可分开整理和归档；再如文件和图纸由于记录形式差别较大，应将文件和图纸务别组卷。因此，在立卷时，保持卷内文件的有机联系也是案卷立卷应遵守的基本规律。

3. 便于档案的保管和利用

立卷后的案卷要做到有利于保管和利用，特别应保证案卷的安全。首先是便于档案的保管，工程档案一般属于长期保存，在建（构）筑物存在时，工程档案就应当安全保管而不受损害。例如，在立卷时要注意文件的保管期限，一般将长期、永久和短期保存的文件分开组卷，以利于短期保存的文件定期销毁，而不影响案卷的完整。其次是便于档案的利用，组成的案卷要使利用者借阅、查找方便，就应符合组卷的规范、标准和通常要求采用的立卷顺序，如要为使用者把档案从装具中取出、复原简便易行。第三是档案保管和利用时的安全，保管时要有符合要求的库房、档案管理制度和保护措施，利用时防止掉页、破损、丢失等现象出现。便于保管和利用也是档案立卷应遵循的重要规律。

2.4.1.2　建设项目档案的立卷规则

建设项目立卷以单位工程为立卷的基本单位，对按基本立卷单位立卷遇到的各种特殊不好处置的情况时，应采取适宜的处置办法。

1. 按单位工程立卷

一个建设项目由多个单位工程组成时应按单位工程立卷，这是工程档案应当遵守的立卷基本原则。

某一建设项目有一个或多个单位工程组成时，均应按单位工程进行工程文件的收集、整理和立卷。例如，某一建筑安装建设项目只有一个建筑物时，此时，仍有几个单位工程，因为除本身建筑物为一个单位工程外，还有室外工程部分。再如某一地下管线工程，是单一种类管线且长度不长时，可以认为是一个单位工程；如果是几种管线同时在一个构造内铺设，一般认为每一种管线为一个单位工程；有时虽为一种管线，但管线很长且分段施工可按施工段分别立卷，每一段即为一个单位工程。再如道路工程，可能涉及除道路本身外其他与道路相关的工程，如桥梁、涵洞、隧道、护坡加固等，其他与道路相关联的桥梁、涵洞、隧道、护坡加固等都可视为单位工程。因此，工程建设中遇到的实际情况很多，具体问题应遵守按单位工程立卷的原则。

2. 特殊情况文件的立卷

按单位工程组卷可能遇到工程准备阶段文件、建设项目验收文件如何处理等一些特殊情况，为此提出一些具体解决办法。

（1）工程准备阶段文件。一个建设项目只有一套工程准备阶段文件，而有多个单位工程是经常遇到的。一般处理方法是在本建设项目有代表性的单位工程或第一个竣工的单位工程中，将准备阶段文件放在此档案的准备阶段文件案卷中，形成一套完整的工程档案，而本建设项目其他的单位工程档案中缺少这一部分文件可采用复印件代替，或在案卷备考表中注明缺少的工程准备阶段文件放在哪一单位工程的工程档案哪一卷中均可。

（2）几个施工单位形成的施工文件。单位工程形成的施工文件应按统一要求组卷。对于一个单位工程由几个施工单位施工，各自形成施工文件，此时，应将施工文件全部集中起来，按单位工程组卷的方法，统一进行整理立卷，必须杜绝施工单位各自整理组卷而破坏自然形成规律的作法。

（3）竣工验收文件。工程竣工验收一般分单位工程和建设项目进行，分别形成单位工程和建设项目的竣工验收文件。单位工程的竣工验收文件应当放在单位工程的竣工验收文件中，建设项目的竣工验收文件应当专门组成本建设项目的竣工验收文件卷，放在本建设项目最后的一个竣工的单位工程中，或放在本建设项目主要的单位工程中，或单独立卷。

（4）综合竣工图。建设项目只有一个建筑物或构筑物时，其综合竣工图组成综合图卷放在工程档案竣工图卷中。如果建设项目是由多个建筑物和构筑物组成时，可组成综合竣工图卷，放在最后一个竣工的单位工程竣工图卷中，或者放在本建设项目主要的单位工程中，也可单独立卷。

（5）建设工程分部、分段施工时工程档案的组卷。一种是一个建设项目如桥梁可以分解成多个部分施工，每部分认为是一个单位工程，按单位工程组卷；另一种情况本来是一个单位工程，由于距离长（如道路、管线等），而由多个施工单位施工或分段施工，按施工段划分为若干个单位工程各自组卷，但要注意分段施工连接部位工程档案相互关联。此时应注意档案案卷题名的有机联系，案卷排序的关系，以及整个建设项目平面布置图及竖向布置图的编绘和组卷等。

2.4.1.3　单位工程档案的立卷规则

按单位工程立卷时要遵守：案卷的排列顺序，先文字卷、后图纸卷；在文字卷和图纸卷内应按专业分类；在已分类的文件中要按时间顺序先后排序。

1. 案卷排列：先文字卷、后图纸卷

工程档案是由大量工程文件和竣工图纸组成，在组成若干案卷后，案卷排列按文字卷放置在前，图纸卷放置在后。文字材料按工程准备阶段文件、监理文件、施工文件、竣工验收文件形成的案卷前后排列。竣工图卷排列，以建筑安装工程为例，按建筑、结构、给水排水、电气、智能化、通风与空调、电梯等排列。如果形成的工程档案除工程文件、竣工图纸外，还有照片、声像等材料，应将照片、声像等单独组卷。照片样片卷可放置在文件材料之后，而声像材料如已压制成光盘可附在整个案卷最后。而照片的底片、声像材料的原始带（盘）应分别单独组卷，放置在专门的声像档案库保存。

工程模型、实物应单独立卷，放置在模型、实物库中专门保存。

2. 卷内文件按专业分类

在组成工程档案案卷时，文字材料和图纸必须遵守按专业分类的原则进行整理和立卷。每个专业按文件性质分项，在分项中按文件名称排序。以施工文件和竣工图为例进行说明。

（1）按专业分类。

1）建筑安装工程施工文件必须先按专业分成土建（地基与基础、主体结构、建筑装饰装修、建筑屋面）、建筑给水排水、采暖、建筑电气、通风与空调、智能化、电梯等类别，按专业划分脉络清楚，操作方便。

2）市政公用设施工程施工文件，如道路工程分为路基、路面、排水、挡土墙等部分，如管线可分为基础施工、线路铺设、各种设施（小室、人孔等）施工等；如桥梁可分为基础、桥墩、梁、桥面等。

3）竣工图，一般按施工图序列来编绘并组成竣工图卷。如某工程某一专业有几种不同性质的竣工图纸，那就按不同性质图纸分别立卷，如智能建筑专业可分通信网络系统、办公自动化系统、监控系统等，分别按系统单独立卷。

（2）专业再分项。工程文件在按专业分类后，每个专业又可以按文件性质分成若干具体项。如土建工程施工文件可以划分为施工技术准备、施工现场准备、地基处理、主体结构、图纸变更、原材料证明文件及现场原材料复试、施工试验、工程检查记录、施工记录、质量事故处理以及记录、工程质量检查记录等具体项。使大量的工程文件分项清楚、明了，更加有序。

（3）具体项按文件名称整理。在每一专业分成的具体项中，每一具体项又由若干种文件组成。例如，土建专业中的施工技术准备文件可以分成施工组织设计、技术交底、预算的编制等文件。即按专业分类，按类分项，按项分各种文件（名称），使工程文件多而不乱，组卷系列化。

3. 文件按时间顺序排列，图纸按图号顺序排列

按时间顺序排列是指每一种（名称）工程文件按时间顺序排列，先形成的文件排列前，后形成的文件按时间先后依次排列。每个专业的竣工图按图号顺序排列。

2.4.2　立卷方法

立卷的一般方法和程序应按照《建设上工程文件归档整理规范》中的立卷方法和程序，并结合当地的相关规定进行。

2.4.2.1　一般方法

工程文件可按基本建设程序、文件性质和责任单位划分为工程准备阶段文件、监理文件、施工文件、竣工图、竣工验收文件 5 个部分。

1. 按建设程序划分

建设项目建设是按照工程建设基本程序分阶段进行的，在立卷时首先考虑形成工程文件的阶段性。一般将建设过程划分为 3 个时间段，即动工前、施工中和施工完成后。在动工前产生的文件是工程准备阶段文件；施工中产生的施工过程文件包括施工文件、监理文件和竣工图；施工完成后进行工程竣工验收和备案，产生工程竣工验收文件，即按基本建设程序划分产生的工程文件为工程准备阶段文件、施工过程文件、竣工验收文件。

2. 按文件性质划分

在工程施工过程中形成的文件比较集中、数量也比较多。产生文件最多的单位是施工单位和监理单位，施工单位形成的文件为施工文件和竣工图，监理单位形成的文件为监理文件。因此，在工程施工阶段产生的施工过程文件按文件性质可分为施工文件和监理文件，而按照工程文件的形式不同，又可将施工文件分为施工文件和竣工图。

3. 按责任单位划分

工程准备阶段文件是以建设单位为主形成的，由建设单位或建设单位委托给有关单位形成的。按立卷责任，建设单位负责立卷。

施工文件是施工单位形成的，应由施工单位负责立卷。施工文件由施工管理文件和施工技术文件组成。

监理文件是监理单位在工程施工监理过程中形成的文件，也包括对工程勘察、设计实施监理形成的勘察、设计监理文件。由监理单位负责立卷。

竣工图是在施工过程中依照施工图及设计变更、工程洽商记录等对施工图的修改而绘制的图纸，一般由编绘单位负责立卷。

竣工验收文件是工程施工完成后，在进行工程竣工验收时形成的文件，包括竣工报告、工程验收记录和竣工验收备案文件等。由建设单位负责立卷。

2.4.2.2　施工文件立卷具体做法

1. 施工文件的立卷

施工文件可按单位工程、分部工程、专业、阶段等方式立卷。

（1）按单位工程立卷。施工文件应遵守工程档案的立卷原则，按单位工程整理立卷。

（2）按分部工程立卷。在工程施工过程中，分部工程是独立组织施工的基本单位，因此施工文件按分部工程整理立卷是普遍适用的。下面以建筑安装工程为例进行说明。

建筑安装工程的分部工程可以分为地基与基础、主体结构、建筑装饰装修、建筑屋面、建筑给水排水及采暖、建筑电气、智能建筑、通风与空调、电梯等，每个分部工程中又分成若干项子分部工程，如主体结构可以分为混凝土结构、钢筋混凝土结构、砌体结构、钢结构、木结构、网架和索膜结构。再如，通风和空调可以分为送排风系统、防排烟系统、除尘系统、空调风系统、净化空气系统、制冷设备系统、空调水系统等。分部工程、子分部工程均可独立组织施工，形成的施工文件均应独立整理立卷。

（3）按专业立卷。施工文件能按专业分开施工的，就应按专业整理立卷。以建筑安装工程智能建筑为例。智能建筑可能有若干个系统布放在建筑物内，如通信网络系统、办公自动化系统、建筑设备监控系统、火灾报警及消防联动系统、综合布线系统、智能化集成系统等，每个系统应按本专业形成的工程文件，进行整理和立卷。

施工文件整理立卷按专业进行是最基本的方法。按专业整理立卷可以做到类目清楚，对本专业形成什么文件、文件重要程度，以及文件保管期限易于掌握和判断。

（4）按阶段立卷。工程施工过程根据施工性质和时间可分成若干阶段，分阶段收集整理施工文件，完成立卷工作是符合立卷原则和施工进度要求的。以建筑安装工程土建施工文件为例。土建施工一般可以分为施工准备、实施施工和检查验收等阶段，施工准备阶段包括施工技术准备、施工现场准备及施工物质准备；实施施工按施工进度分成基础施工、主体施工、屋面施工和装饰及装修施工，而每一施工过程均要产生图纸变更、原材料的复试及检查、施工试验记录、施工记录、检查记录等文件；施工检查验收阶段分为工程质量事故处理记录、工程质量检查记录、工程验收记录等文件。按阶段划分后使土建工程施工虽然划分的工程类目多，然而按划分的阶段整理、立卷，反而类目清楚，能有序进行。

（5）施工文件立卷。施工文件立卷，首先按分部工程划分，其次在分部工程中分专业（系统），最后每一个专业（系统）按阶段整理立卷。如一般的住宅建筑工程可以按以下划分的内容立卷。

1）土建：可分地基与基础、主体结构、屋面和装饰装修等。

2）内部设施：可分成给水排水（包括消防）、供热、供气等。

3）电气：可分成供电（照明）、电话、电视、宽带网等。

4）电梯。

对于大型公用建筑工程、特殊工程、市政公用设施工程，由于它们牵涉工程规模、工程性质、技术复杂程度等不相同，而如何具体划分和立卷更好，应结合实际工程制定施工文件立卷的具体方案。

2. 竣工图立卷

竣工图应按单位工程、专业等立卷。

（1）按单位工程立卷。竣工图的立卷应遵守工程档案按单位工程整理立卷的原则。竣工图组卷有两种情况应当特别注重：第一，一个建设项目只有一栋建筑物或构筑物时，可将建筑物或构筑物这个单位工程与其室外的各单位工程组在一起，按综合图和专业图分别组卷；第二，一个建设项目有多个建筑物和构筑物时，每一个建筑物和构筑物均应按单位工程组卷，其室外工程的各单位工程属于综合部分，按单位工程独立组卷，附在某一个建筑物或构筑物中。

（2）按专业立卷。竣工图组卷采用的最基本的方法是按专业进行。单位工程施工图分专业绘制，施工时一般也是分专业安排施工，因此工程竣工后竣工图也应按专业编绘。单位工程涉及什么专业，就绘制什么专业竣工图，并整理立卷，不同专业（系统）竣工图不要合并组卷。

（3）按竣工图立卷。建设项目竣工图，以建筑安装工程为例，一般分成两部分：一是综合竣工图部分；二是专业竣工图部分。

综合竣工图指的是建设项目平面图及竖向布置图，室外管网综合图和电气（电力、电信、电视等系统）综合图，以及室外各专业图纸。

专业竣工图是指建设项目各专业图纸，如公用建筑工程竣工图为建筑、结构、给水排水、电气、智能化等专业图纸。

应当说明的是，竣工图系列最好与施工图的系列相一致，这样能最大限度地保持图纸之间的联系，可方便工程档案的查询和利用。

另外，工程建设可形成不同载体的工程文件材料，如照片、声像材料等，不同形式的工程档案，如缩微品工程档案、电子工程档案等，以及模型、实物也应按国家和地方有关规范、标准要求立卷后妥善保管。

2.4.3　立卷要求

对工程档案立卷的要求，主要有两点：一是对工程文件实施质量检查的要求；二是对案卷内文件合理组织的要求。

2.4.3.1　对工程文件实施检查的要求

工程文件的检查主要是对组成工程档案的文件材料完整、准确、系统情况的检查，因此，在组卷前，要提出对工程文件内容、形式、材质的质量实施检查的要求。

1. 检查工程文件是立卷人员的职责

实施工程档案立卷的工作人员首要的职责就是检查工程文件的质量是否符合要求，应从文件的形式到内容，从种类、数量到材质要履行认真检查的责任，对符合要求的工程文件进行整理归档，对不符合要求的工程文件坚决予以退回，提出修改或重做、重整的意见和要求，并做出何时完成的时限；其次，对立卷人要进行品德教育和业务培训，使立卷人热爱本职工作，不怕困难、不畏烦琐、禁得起枯燥，在业务上要熟悉所组案卷的文件内容、形式和种类，能够检查出文件内容不完整、缺项、质量不合格等不符合归档要求的问题；第三，立卷人要与文件形成单位或形成人保持紧密联系，树立相互协作和为其服务的思想，是做好文件材料收集、进行质量检查的重要方面，应将收集归档的工程文件内容、

文件形式（格式）、材质、立卷要求等工作做在文件形成之前。，

2．逐一检查工程档案案卷内容

立卷的工作人员应对工程档案中的工程文件的种类、数量、内容、材质等按有关规范规定进行严格检查。

（1）文件种类、数量要齐全。按照建设工程文件归档范围逐一进行工程文件种类、数量的核对，核对时应注意以下 3 点：

1）根据国家规范和本地区实际制定的具体归档范围。即在《工程文件归档整理规范》规定的归档范围基础上可根据本地实际适当的增加或减少应归档的工程文件，在检查前要事先列出应归档的文件种类、文件名称，在检查时易于操作。

2）缺少必须归档的工程文件。凡缺少必须归档的文件材料应提请文件形成单位补齐，如果形成单位确实已没有，而又无法补救时，应在卷内备考表中予以说明。

3）应原件归档使用复印件代替时。用复印件代替原件归档应尽量减少，并尽量做到复印件能与原件具有同等的法律效力，要求在卷内备考表中记录清楚原件保存位置（单位），以便需要时查阅。

（2）文件格式、内容要完整。检查时无论文件格式、表格式样、图纸规格均应符合有关专业规范、规程、标准要求，文件内容应达到每份文件完整，表格填写齐全，竣工图修改到位。

立卷人员要了解每个专业、每类文件应是什么内容，对文件的格式和内容、表格形式及应填写的内容、竣工图应修改的条目及内容等进行检查，并注意以下几点：

1）每份文件不能缺页及破损。

2）文件内容完整、表格填写不漏项。

3）每一条变更内容均应在竣工图上予以修改。

4）工程文件或竣工图纸签章要齐全。

（3）文件材质要符合规定。材质指的是工程文件及竣工图使用纸张的质量、文件书写、绘图使用的笔墨、纸张的规格等方面，立卷人员对用材质量是否符合规定进行检查。

2.4.3.2　对案卷内文件的组织要求

工程档案立卷时，应对组织卷内文件的排列，文件材料的分卷、合卷以及案卷的编排的合理性等提出要求。

1．卷内文件的排列

工程档案卷内文字材料按事项、专业顺序排列，图纸按专业排列，同专业图纸按图号顺序排列。

（1）文件排列。工程档案卷内文字材料的排列应按事项、按专业划分，并确定排列顺序。

1）按事项排列。同一事项的请示与批复、同一文件的印本与定稿、主件与附件不能分开，并按批复在前、请示在后，印本在前、定稿在后，主件在前、附件在后的顺序排列。比如说，国家投资的建设项目，可行性研究报告及有关政府机关对可行性研究报告的批复，可行性研究报告批复在前，可行性研究报告附后；可行性研究报告中的主件在前，附件建筑物平面布置草图、资金来源及筹措、选址意向书、选址意见书、外协意向性协议

等排在主件之后。再比如，施工阶段汇集的砂、石、砖、水泥、钢筋、防水材料、防保温材料、轻集料等试验汇总表，应在每种原材料汇总表后面附上这种材料的试验记录（报告），二者不能分开。另外，印本和定稿也是不能分开的，应同时归档，按印本在前定稿在后排列。

2）按专业排列。工程建设形成的各种文件，按专业排列是符合文件性质的，一定要按专业整理立卷。工程准备阶段文件和竣工验收文件应按形成文件的不同性质，施工文件和监理文件按专业事项分开排列，按时间先后排序。建筑安装工程一般按土建、给水排水、电气、燃气、空调、供热等专业排列。

（2）竣工图的排列。竣工图应按专业分开，按图号顺序排序。

1）按专业分卷。竣工图要按专业严格分开，组成独立案卷，特别强调不同专业的图纸不能混在一起排列。例如，建筑物中的电话系统与电视系统虽然都为弱电系统，但它们的专业性质、功能不同，应单独组成本系统的案卷，不能因为形成的图纸数量少而把它们硬性混在一起组卷。

2）同专业的竣工图纸应按图号顺序排列，小号在前大号在后。在图纸排列时还会遇到一些特殊情况，应注意。

例如，取消（作废）的图纸应剔除，此图后面的图纸依次前提，但不改变图号。

再如，增加的图纸应附在本专业图纸之后，按补图图号顺序排列。如某工程建筑竣工图原有图纸编号最末为"建25"，设计单位增加两张图纸，编号为"建补1"、"建补2"，竣工图修改时又增加了两张图纸，编号为"建补3"、"建补4"，最终本工程建筑竣工图共29张。图纸排列按图号顺序排列，从"建1"到"建25"，"建25"之后为"建补1"，依次排列，最末为"建补4"。

（3）文字材料和图纸混装时的排列。既有文字材料，又有图纸的案卷，文字材料排前，图纸排后。这种情况只在整个单位工程只组成一卷，外装具又为卷夹时允许文字材料和图纸混装，其组卷要求如下：

1）文字材料在前、图纸排后。一卷内只有一个专业的文字材料和图纸时遵循文字在前图纸排后的排列次序；一卷内有几个专业的文字材料和图纸时，也要各专业文字材料集中排在前，各专业图纸集中排在后面。

2）一卷内文字材料和图纸均要遵循各专业文件分开的组卷原则。各专业文字材料要按专业分类方法分类，每类均应按形成时间先后顺序排列。图纸按专业分开，各专业图纸按图号顺序排列。

（4）案卷的排列。组成工程档案的案卷，其卷内构成排列顺序为内封面、目录、文字（图纸）。

2．分卷与合卷

根据组成案卷文件材料的多少，经常遇到当文件材料多时而分卷，文件材料较少时也可以合卷。

（1）分卷。分卷就是一个专业的文件或图纸由于数量多，分成两卷或两卷以上组卷。一般大型工程的工程准备阶段文件、监理文件、施工文件、竣工验收文件、竣工图均存在有分卷的情况。工程准备阶段文件，如勘察、测绘、设计文件中，一般勘察文件、测绘文件、设计文件可单独组卷，而设计文件中初步设计图纸、技术设计图纸和施工图应分开进行组卷。其他类的文件如数量多组成一卷困难时，也应在不违反组卷原则的基础上，使用方便、合理的方法分开组成合适的案卷。

竣工图的立卷一般综合图与各专业图分开立卷，综合图和每个专业图卷根据图纸的多少，又可分成若干卷。

（2）合卷。合卷就是不同形式、不同专业的文件和图纸合并成一卷。应注意下面几种情况：

1）单位工程只组成一卷。一个单位工程组成一卷时也应遵循组卷原则，即文字材料与图纸分开，文字材料和竣工图纸按专业分开，各专业文件按时间先后顺序排列，图纸按图号顺序排列。工程文件按工程准备阶段文件、监理文件、施工文件、竣工验收文件排列，竣工图按土建、水、暖、电等专业排列，文字材料在前，图纸在后。

2）文字材料与竣工图纸各组成一卷。文字材料和竣工图各组成一卷在工程档案中是大量存在的，这种情况工程文件和图纸排列顺序与第一种情况相同，只是在组卷时文字材料，组成一文字材料卷，竣工图组成竣工图卷。如每卷数量少、卷薄，文字卷和竣工图卷可放在一个卷盒内。

3）工程准备阶段文件、监理文件、竣工验收文件组成一卷。将工程准备阶段文件、监理文件、竣工验收文件组成一卷在工程档案中经常遇到，一般在中、小型工程中普遍采用。因为工程准备阶段文件、监理文件和竣工验收文件数量少，合并起来组卷比较合适，一般称为基建验收文件卷。

4）某几个专业文件组成一卷。几个专业文件组成一卷也是很普遍的。如建筑安装工程施工文件，一般可组成土建文件和其他专业文件两卷；竣工图组卷时，有时综合图（只有总平面图时）与建筑竣工图组在一起。这种情况应根据文件（图纸）数量的多少、专业性质、文件的类型等因素，在符合组卷原则的基础上利于检索、方便使用为目的。

3. 总目录卷

总目录是工程档案卷内目录的目录。总目录卷是由工程档案卷内目录组成的目录卷。一般要求单位工程档案总卷数超过 20 卷的要编制工程档案总目录卷；总目录卷由工程档案案卷总目录及各卷目录组成，便于在工程档案利用时查找。

2.4.4　案卷编目

案卷的编目是指卷内文件的页号、案卷封面、卷内目录、卷内备考表、案卷脊背的编制规定和要求。

2.4.4.1　编制卷内文件页号

页号是卷内文件所在位置的标记。

1. 页面编号

卷内文件均按有书写内容的页面编号，每卷单独编写页号，页号从"1"开始。

（1）编写页号以独立卷为单位。所谓独立卷就是由案卷封面，卷内目录，文件（图纸）材料部分，卷内备考表组成的案卷与档案的外装具不是一个概念，不能混为一谈。

（2）有书写内容的页面编写页号。卷内的文件材料整理排列完成后，依次对文件材料编写页号，编写页号的页面一定有具体内容，无内容的页面不编写页号。但有的文件中，有的页面标注"此页无内容"等字样，"此页无内容"即是内容，应编写页号。

（3）编写页号从"1"开始。编写页号用阿拉伯数字"1"开始，直到文件材料的最后一页。编写页号用打字机或档案允许书写笔均可。但要注意所使用的油墨和墨水，应符合档案要求，油墨采用黑色或蓝色，墨水采用黑色或蓝黑色。

2. 页号编写位置

卷内文件页号编写位置：单面书写的文件在右下角，双面书写的文件，正面在右下角，背面在左下角。折叠后的图纸一律在右下角。

（1）文字材料。文字材料页号位置的编写规定为：单面书写的文件编写在右下角，双面书写的文件，正面编写在右下角，背面编写在左下角，这种编写方法与出版物编写方法相一致。但应注意两点，一点是文字材料幅面大于 A4 幅面时应折叠成 A4 幅面后再编写页号，编写页号的规定与 A4 幅面编写页号相同，另一点是小于 A4 幅面的文件，应装裱成 A4 幅面后再按规定编写页号。

（2）图纸。凡大于 A4 幅面的图纸，一律折叠成 A4 幅面，并要求折叠后图标露在外面，页号就编写在图标的右下角，这样折叠后的图纸图标、页号和加盖的竣工图章均能露在外面。

3. 成套图纸和印刷成册的工程文件页号的编写

成套的图纸和印刷成册的工程文件材料，自成一卷的，原目录可代替卷内目录，不必重新编写页号，这是工程档案的一个特例。对成套的图纸和印刷成册的文件材料不必分卷，也不同其他图纸或文件合卷，自成一卷，此时，不必重新编写卷内目录和页号。但如有下列情况仍需编写页号。

（1）成套图纸和印刷成册的文件必须分成两卷或两卷以上。此时应根据重新分成的案卷，编写卷内目录，按编号规定编写页号。原目录应当做卷内文件材料对待，放在第一卷卷内目录之后。

（2）需重新编写卷内目录的案卷，应重新编写页号。

（3）增加图纸的情况。成套图纸补充了若干张图纸后，仍组成一卷时，补充的图纸补充在本套图纸末页之后，并在原目录上增加补充图纸的图号、图名。对成套图纸新增加的图纸须编写页号。

（4）减少图纸的情况。成套图纸中减少了其中若干张图纸，在原目录中应去掉已作废的图纸，页次将随之改变。由于页次的改变修改了卷内目录，应重新编写页号。

4. 案卷封面、卷内目录、卷内备考表不编写页号

案卷封面、卷内目录、卷内备考表不编写页号，但应注意卷内目录如超过两页时，应当单独对卷内目录编写卷内目录页号，编写规定与卷内文件编写页号规定相同。

2.4.4.2　编制卷内目录

卷内目录为登记卷内文件题名及其他特征，并固定文件次序的表格，排列在卷内文件之前。工程档案卷内目录除文件题名外，还包括序号、文件编号、责任者、日期、页次、备注等内容。卷内目录采用的是国家标准 GB/31 1822—2000《科学技术档案案卷构成的一般要求》推荐的目录。

1. 序号

序号是以一份文件为单位，用阿拉伯数字从"1"依次标注。

一份文件为单位的概念，对于工程档案目前的做法是，文字材料为同一文件题名的若干页材料或同一文件题名内容性质相同的若干页材料。举例说明。

（1）一份文件为若干页，如工程地质勘察报告，共 20 页，那么这 20 页工程地质勘察报告为一份文件。

（2）同一文件题名为一份文件，如电气工程隐蔽工程检查记录共 15 页，这 15 页虽然不是同一天产生的，但文件名称、内容性质相同，这 15 页的电气工程隐蔽工程检查记录认定为一份文件。

（3）竣工图，通常做法是一张图纸为一份文件。

（4）批复与请示，主件与附件，印本与定稿按规定不能分开，虽然内容相连，但认定不是同一份文件，按各为一份文件对待。

2. 责任者

责任者填写文件的直接形成单位或个人，有多个责任者时，选择两个主要责任者，其余用"等"代替。

（1）所谓责任者是直接形成文件材料的单位或个人。个人形成的文件，如著作、专家建议等，责任者应为个人；单位形成的文件，如可行性研究报告、施工试验文件、竣工验收报告等，责任者应当为单位。因此要把责任者写准确，个人、单位不能混淆。

（2）工程准备阶段文件除专家建议、领导讲话外均为单位形成，施工文件、监理文件、竣工验收文件基本上也为单位形成，责任者为形成单位。

（3）竣工图的责任者为竣工图的编制单位。

（4）有两个以上责任者时，选两个主要责任者，其余用"等"代替。例如，一部著作作者有 4 个，选择前两位，其余用"等"代替，如一份建议书有 10 个人签字，选择两个主要责任者，其余用"等"代替；如有 4 个责任单位共同签署的建设项目建议书，只选择两个主要责任单位为其责任者，其余用"等"代替。

3. 文件编号

文件编号应填写工程文件原有的文号或图号。

（1）文件填写工程文件的文号应为发文号。一般工程文件有一个文号，如建设工程施工许可证，发文号为×建施字×××号；有的文件没有发文号，文件编号这一项应不填（空白）；有的文件可能不止一个发文号，如土建工程洽商记录是一份文件，因是不同时间产生的，每次均有一个发文号，20 次洽商就有 20 个发文号，填起来太繁，也可以不填。

（2）图纸应填写图号。因为每张图纸为一份文件，每张图纸只有一个图号。

4. 文件题名

文件题名填写文件标题的全称。

（1）文件题名，即文件的名称、表格的名称。如果文件或表格无题名时，立卷人应根据文件或表格的内容拟写与内容相一致的标题。文件材料一定要有题名。

（2）图纸题名，即本张图纸的图名。

（3）全称，按规定文件题名一定要写全称，不能随意改写成简称或其他名称，应与卷内文件或图纸的名称相一致。

5．日期

日期填写文件的形成日期。文件的形成日期为文件的发文日期，填写年、月、日，但有以下两点值得注意。

（1）文件形成日期可能为某日或某一个阶段。前面已说过，在一个名称下的文件形成日期有的只有一个发文日期，日期就写这个发文日期；有的是一段时间内形成的文件，如工程洽商记录为 2000 年 10 月 1 日至 2001 年 8 月 20 日形成，共有 50 个编有文号的文件，而每一个编号文件形成日期又不相同，最早为 2000 年 10 月 1 日，最晚为 2001 年 8 月 20 日，此时日期应填写起止日期：2000 年 10 月 1 日至 2001 年 8 月 20 日。

（2）竣工图，填写本张竣工图形成日期，即竣工图章（标）上的日期。

6．页次

页次填写文件在卷内所排的起始页号，最后一份文件填写起止页号。卷内目录上已编写页号的每份文件所在页次已经确定，但填写时仍须注意以下两点：

（1）除最后一份文件外，填写起始页号，每份文件无论是单页还是多页，都只填写首页上的页号。

（2）最后一份文件，填写起止页号，即本份文件首页和尾页的页号。如最后一份文件为 1 页时，也要填写起至页号，如最后一份文件的页号为 81，在目录上应填写 1～81。

7．备注

备注项要填写本份文件须说明的问题。

2.4.4.3　编制卷内备考表

卷内备考表是卷内文件状态的记录单，排列在卷内文件之后。

1．卷内备考表式样及内容

工程档案卷内备考表选用的是档案要求的备考表的格式，又结合工程档案的实际情况，加些具体内容。科学技术档案案卷构成的一般要求中卷内备考表只有表头的说明两字和表尾的立卷人、检查人。而工程档案选用的备考表增加了表述工程档案特征项的具体内容。具体内容为：本案卷共有文件材料____页，其中：文字材料____页、图样材料____页、照片____张，说明，以及立卷人和审核人。

2．卷内备考表内容的填写

卷内备考表内容中所列卷内文件的总页数，各类文件的页数（照片的张数），以及立卷人（或审核人）对案卷组卷情况填写的说明（或审查），要准确和实事求是地填写。

（1）案卷文件页数。本案卷已编写的尾页号数，即卷内文件的总页数。在总页数中，分别标明文字材料、图样材料的页数，对于照片样片，应标明张数（一页内可能有几张照片），规定使用阿拉伯数字填写。

（2）说明，是对本案卷完整、准确情况的说明。主要是对卷内文件复印情况，页码错误情况，文件的更换情况，主要文件缺少情况等的说明。例如，应当为原件的文件，本卷为复印件，标明原件的存放单位；缺少的重要文件应说明缺少原因，如因收集不上来或在其他单位，应注明所在单位名称；如已丢失应注明丢失；如办理的文件没有办理完，说明未形成（有请示、没有批复等情况）原因；如没有需要说明的事项可不必填写。

3. 立卷责任人签字

立卷人、审核人是本案卷立卷责任人，应对本案卷立卷负责。因此要立卷人、审核人签字并注明日期，以示负责。这里与科技档案案卷组卷统一标准略有不同的是检查人，本处为审核人，任务相同，但责任大些。

2.4.4.4　编制案卷封面

案卷封面是本案卷名称和案卷内容有关事项的说明，以及保存单位特征项的标注。案卷封面的编制应符合以下规定。

1. 案卷封面的形式

案卷封面印刷在卷盒、卷夹的正表面，也可采用内封面的形式。

（1）案卷封面。印刷在案卷装具卷盒、卷夹的正表面，称为案卷封面，也称为案卷外封面。

（2）案卷内封面。放在档案装具内的案卷一般也应有案卷封面，称为案卷内封面，案卷内封面的形式和内容与案卷封面相同。

（3）案卷封面的形式。工程档案案卷封面式样与科技档案案卷要求的标准式样基本相同，又结合工程档案的特点，内容略有改动，更加符合工程档案案卷的实际。

2. 案卷封面的内容

案卷封面的内容包括档号、档案馆代号、案卷题名、编制单位、编制日期、密级、保管期限、共×卷、第×卷。案卷封面的内容综合起来可分为 3 个部分。

（1）保存单位特征项。档案馆代号和档案号。

（2）案卷题名。案卷题名即案卷名称。

（3）与案卷内容有关的事项。与案卷内容有关的事项包括案卷的编制单位、编制日期、密级和保管期限，以及本工程档案案卷总数（共×卷）和本案卷在本工程档案中排序（第×卷）。

3. 档号的填写

档号是以字符形式赋予档案实体用以固定和反馈档案排列顺序的一组代码。组成工程档案档号应由分类号、项目号和案卷号组成。档号由保管单位填写。

工程档案的档号编写应符合《城市建设档案分类大纲》（建办档［1993］103 文）的要求，其中分类号即为城建档案分类大纲中的大类代号和属类号，大类代号用英文字母表示，属类号用阿拉伯数字表示。项目号为保管单位保存本类工程中单位工程工程档案的顺序号。案卷号即本案卷在本工程工程档案的案卷号。

4. 档案馆代号的填写

档案馆代号应填写国家档案管理部门给定的本档案馆的编号，档案馆的代号由存档的档案馆填写。

（1）档案馆代号是根据国家档案馆设置的原则，统一给定的档案馆（室）的代号，如北京市城建档案馆，档案馆代号为 411405。目前尚有许多城建档案保管单位还没有给定档案馆代号。

（2）工程档案保管单位已给定了档案馆代号的，应在封面上填写档案馆代号。如档案保管单位没有给定档案馆代号，则不填。

5. 案卷题名

案卷题名是本案卷的名称，案卷题名应简明、准确地揭示卷内文件的内容，工程档案案卷题名应包括工程名称、专业名称、卷内文件的内容。

（1）案卷题名的意义。工程档案的案卷题名能简明、准确地揭示卷内文件的内容，作为档案的检索、查阅和提供利用的依据。所以案卷题名的拟写一定要做到文字简洁，又能恰如其分地描述出本案卷的内容。

（2）工程档案案卷题名的拟定。工程档案的案卷题名应包括工程名称、专业名称、卷内文件的内容。

工程名称为建设工程项目名称和单位工程名称。

专业名称指的是工程准备阶段文件、监理文件、施工文件、竣工验收文件和竣工图。

卷内文件内容指的是本案卷文件或竣工图内容的具体名称。

根据案卷组成的具体情况，案卷题名可以简化，以表示清楚为准。

（3）案卷题名拟写人。案卷题名一般由本案卷立卷人根据案卷题名规定的内容拟写，审核人进行审核。

6. 编制单位

编制单位应填写案卷卷内文件的形成单位或主要责任者。工程档案的编制单位有两类：一是形成单位；二是责任者。

（1）文件形成单位。对于工程档案来讲，每种类型的文件形成单位或收集汇集责任者都比较明确，具体是：工程准备阶段文件为建设单位、监理文件为监理单位、施工文件为施工单位，竣工验收文件为建设单位，因此可以认为文件形成单位和收集汇集责任单位为编制单位。

对于工程档案的某一卷，其形成单位可能更加具体，如工程准备阶段文件中，工程地质勘察报告、施工图等单独组成一卷或若干卷时，其编制单位为具体形成单位，工程地质勘察报告为勘察单位，施工图为设计单位。再如施工文件是由几个承包单位完成的，其文件编制单位为形成本卷文件的施工单位。如果施工总包单位把其中某些工程承包给分包单位，这种情况规定，由分包单位形成的施工文件，编制单位为总包单位。

（2）竣工图形成单位。按施工程序，应由施工单位在施工过程中对施工图变更部分随时进行修改，施工完成后完成全部修改任务，从而形成竣工图。一般情况下竣工图的编绘为施工单位，但目前由于采用计算机进行施工图设计、绘图，在计算机上对施工图变更修改比较方便，请设计单位绘制竣工图增多。而有些施工单位由于技术力量不足等原因，不愿或承担不了竣工图编绘任务，而委托有编制能力的单位编绘竣工图。因此，目前竣工图的编制单位比较复杂，允许施工单位、设计单位承担，也允许有编制能力的其他单位编绘。谁编绘竣工图，谁就是竣工图的形成单位。

（3）主要责任者。这个定义比较笼统，主要责任者可以为负责组织立卷的建设责任部门，也可以为工程档案的组卷单位。工程项目建设责任部门为建设单位，组卷单位是负责本案卷立卷的责任单位。

科技档案的编制单位，规定为档案立卷单位，工程档案的编制单位也可认为是档案的立卷单位。

7. 编制日期

编制日期应填写案卷内全部文件形成的起止日期。具体如下:

(1) 文件材料卷。起止日期为: 起始日期为本案卷所有文件中最早形成的文件日期, 终止日期为本案卷文件中最晚形成的文件日期。

(2) 竣工图卷。竣工图卷起止日期为本案卷竣工图章 (标) 上的最早日期为起, 最晚日期为止。

(3) 编制日期的书写。编制日期书写采用阿拉伯数字, 具体形式为: ××××(年)××(月)××(日)至××××(年)××(月)××(日)。如本卷文件形成日期最早为 2000 年 3 月 22 日, 最晚为 2001 年 5 月 1 日, 编制日期应填写为 2000.3.22 至 2001.5.1。

8. 保管期限

保管期限分为永久、长期、短期 3 种期限。永久是指工程档案永久保存。长期是指工程档案的保管期限等于该工程的使用寿命。短期是指工程档案保存 20 年以下。同一案卷内有不同保管期限的文件, 该案卷保管期限应从长。工程档案保管期限的划定按上述规定执行, 具体划定时应注意以下几个问题。

(1) 保管期限为永久、长期和短期 3 种, 但定义中与国家档案部门规定的保管期限的时限要求不尽相同, 与建设部规定的工程文件保管期限也略有差别。国家档案部门规定的保管期限为: 短期保存 15 年以下, 长期保存 15~50 年, 永久保存 50 年以上。建设部关于工程文件的保管期限规定为: 短期保存 20 年以下, 长期保存 20~60 年, 永久保存 60 年以上。《建设工程文件归档整理规范》中工程档案的保管期限规定为: 短期保存 20 年以下, 长期保存期限等于该工程的使用寿命, 永久为永久保存。工程档案保管期限划定更加符合建设工程的实际, 充分体现了以下 3 点: 第一, 工程档案保管期限一般为长期, 根据建设工程的特点和性质, 工程档案要终身为建设工程服务, 因此, 一般工程档案应与工程寿命相同, 符合建设工程的实际需要。第二, 永久保存的工程档案, 应当具有较高的建筑特色和艺术价值, 或具有永久保存价值, 或有复建价值的, 这是很少的, 此类档案是不能销毁的, 要永久保存。第三, 永久保存工程档案的基地接收的工程档案应以长期和永久保存期限为主, 因为他们保存的工程档案主要在 20 年以后发挥作用。

(2) 不同存档单位对工程档案的保管期限可有所不同。各有关存档单位保存工程档案的目的有所差别, 因此对工程文件保管期限可不尽相同。例如, 施工文件中的施工图纸、图纸变更, 建设单位以工程建设管理目的而长期保存, 施工单位、设计单位以工程备查为目的, 保管期限可自行划定。

(3) 一卷内保管期限从长。立卷后的案卷, 保管期限以卷内文件最长保管期限为本案卷的保管期限。例如, 本案卷共 20 份文件, 15 份为长期, 5 份为永久, 那本案卷的保管期限应从长, 定为永久。

(4) 案卷保管期限的划分责任单位为建设单位。

(5) 短期与长期、永久保存的文件要分开组卷。建议短期文件要与长期和永久保存的文件分开组卷, 因短期档案保存期限为 20 年, 20 年后经鉴定无保存价值就可以销毁, 这样在实际操作中避免了由于短期与长期、永久保存的文件混卷, 须拆卷重新组卷的麻烦。

9. 密级

密级分为绝密、机密、秘密 3 种。同一卷内有不同密级的文件，应以高密级为本卷的密级。

工程档案的密级划分是依据国家保密规定划分的，国家保密法规定密级划分为绝密、机密、秘密 3 种，工程档案密级划分与此相同。建设部关于工程文件材料密级划分为绝密、机密、秘密和内部 4 种，多了一个没有公布于社会的或涉及经济专利者，设立"内部"进行管理，有关人员不得擅自扩散的内部级管理。

（1）工程档案密级划分的原则。

1）"绝密"是保密内容的核心部分，在一定时期、一定范围内需要绝对保密的，一旦泄露会使国家的安全和利益遭受严重危害和重大损失。工程档案涉及绝密的文件非常少。

2）"机密"是保密内容的重要部分，在一定时期、一定范围内需要保密的，一旦泄露会使国家的安全和利益遭受较大危害和损失。工程档案中，尤其在一定时间内需要保密的，在某些建设工程会有较少的机密级文件。

3）"秘密"是保密内容的一部分，一旦泄露会使国家遭受一定危害和损失。工程档案中，在一定范围内的档案会定为"秘密"文件，如地下管线有关文件在一定时期内是要保密的。

（2）工程档案密级划分的责任单位是建设单位。工程档案案卷的密级划分是由建设单位根据案卷中文件形成单位确定的密级经过核定后划定本案卷的密级。

（3）一卷内密级从高。一个案卷内有不同密级和无密级的文件，确定本案卷的密级要以本案卷文件中最高的密级为本案卷的密级。

10. 共×卷、第×卷

共×卷、第×卷为组成单位工程工程档案案卷的总数及案卷排列顺序的编号。工程档案总卷数和顺序编号均应当用阿拉伯数字填写。

2.4.4.5　编制案卷脊背

工程档案案卷脊背一般是指案卷装具的脊背，脊背书写内容是为了提取档案方便而设置的。

1. 案卷脊背内容

案卷脊背的内容包括档号、案卷题名，有时还有第×卷、共×卷。

2. 填写方法

案卷脊背的填写方法应注意以下几点：

（1）档案号填写方法同案卷封面的档案号。

（2）案卷题名同案卷封面的案卷题名。

（3）第×卷、共×卷同案卷封面的第×卷、共×卷。

（4）案卷脊背标签长度与宽度应当与卷盒、卷夹的脊背尺寸相一致。宜采用 150g 白色书写纸制作，也可直接印在卷盒（夹）脊背上。

3. 案卷脊背简化填写

目前，有些存档单位对案卷脊背采用一种简化填写法，具体做法：案卷脊背档案号一定要填写，案卷题名可根据本存档单位的具体情况来定，可以写，也可以不写。目前很多城建档案馆填写案卷脊背只填写档案号，而且占据大部分脊背，有时填写共×卷、第×卷，目的是为了档案工作人员提档方便。

任务2.5 工程资料的装订

学习目标

知识目标：能说出案卷装订的基本规定。

能力目标：能正确使用装订工具进行文件的装订。

整理立卷的案卷应当进行装订，并放置在合适的装具内。

2.5.1 案卷装订

案卷的装订是将已整理立卷的档案装订成册。这也是工程档案立卷的最后一道工序。

2.5.1.1 案卷装订形式

案卷可采用装订和不装订两种形式，文字材料必须装订，既有文字材料又有图纸的案卷应装订，装订应采用线绳3孔左侧装订法，要整齐、牢固，便于保管和利用。

1. 装订的规定

文字材料卷必须装订成册，这是强制性的要求。文字材料和图纸组成一卷时应装订成册，这也是属于一种硬性规定。图纸卷可以装订成册，也可以散装在装具内，这是可以选择的，目前各地城建档案馆（室）一般采用散装在卷盒内。

2. 装订方法

装订成册的工程档案其装订方法应采用线绳3孔左侧装订法。具体做法是：装订线距左侧20mm，上、下两孔距中孔80mm，线绳的结打在背面。为了使装订成册的案卷平整，可以在装订线一侧，根据案卷的薄厚加垫草板纸。

不装订的案卷要注意页号的编写，按编号顺序排列好后装盒，并将案卷内封面、卷内目录和卷内备考表订在一起，装入盒内。

3. 装订成册的案卷质量要求

装订成册的案卷：一是要整齐、牢固、便于装进装具内和从装具内取出，并在使用时减少案卷破损和掉页；二是便于保管和利用。

2.5.1.2 剔除金属物

案卷内不能有金属物和塑料制品，因此在案卷装订前必须剔除金属物和塑料制品，装订用的物品也不得使用金属和塑料制品。

2.5.1.3 衬托

凡立卷的工程文件（包括文字材料和图纸）小于A4幅面的，一律采用A4幅面的白纸衬托，衬托一般采用5点衬托法，即4角和非装订面的中点。

目前有些地方仍在少量使用B5幅面的纸张，如某一文字材料卷全为B5幅面，可暂使用B5幅面的纸张立卷，但应尽快采用A4幅面。

2.5.2 纸质及图纸折叠

纸质档案用材和图纸的折叠应符合国标要求。

2.5.2.1 纸质及幅面

卷内目录、卷内备考表、案卷内封面应采用 70g 以上白色书写纸制作，幅面统一采用 A4 幅面。这里有两点应当引起重视：

（1）70g 以上白色书写纸。卷内目录、卷内备考表、案卷内封面要使用白色书写纸，而且要 70g 以上，这是要求纸张有较好的强度和韧性。

（2）统一采用 A4 幅面。卷内目录、卷内备考表、案卷内封面统一采用 A4 幅面，这是要求工程档案用纸应与国家公文用纸的规格相一致。

2.5.2.2 图纸折叠

图纸折叠是将不同规格的图纸按规定折叠成 A4 幅面的图纸。

1. 一般要求

不同幅面的工程图纸应按 GB 10609.3—89《技术制图复制图的折叠方法》统一折叠成 A4 幅面（297mm×210mm），图标栏露在外面。

（1）图纸折叠前要按截图线截剪整齐。以建筑安装工程为例，其图纸幅面均应符合规定。

（2）图面折向内，成手风琴风箱式。基本折叠方法是先竖向叠，再横向叠，打开时先横向打开，再竖向拉开。

（3）折叠后图纸幅面为 A4（297mm×210mm）幅面。

（4）图标及竣工图章露在外面。工程图纸折叠后要求原图纸的图标、竣工图章及编写的页号露在外面。

2. 折叠方法

图纸的折叠应采用技术制图复制图的折叠方法。

3. 工具使用

图纸折叠为了准确和标准，最好使用模板和刮板。模板是图纸折叠使用的模具。模板尺寸略小于 A4 幅面尺寸（一般为 292mm×205mm），材质为硬塑料或硬质板均可，厚度不超过 3mm。刮板是图纸折叠时刮折叠线用的短板，材质一般为竹或木质。

2.5.2.3 案卷装具

案卷装具一般采用卷盒和卷夹两种形式。立卷后的档案存放在装具内。

1. 卷盒

卷盒的外表尺寸为 310mm×220mm，厚度为 20mm、30mm、40mm、50mm。

（1）卷盒尺寸为 310mm×220mm。卷盒尺寸比 A4 幅面文件大 13mm 和 10mm，易于装进立卷后的文件材料。

（2）卷盒厚度为 4 种规格，分别为 20mm、30mm、40mm、50mm。在实际应用时可根据已组成案卷的厚度适当地选择。一般组成的案卷厚度不宜超过 40mm，可装进 50mm 厚的卷盒内。其卷盒的厚度不宜过薄，因为过薄的卷盒难以书写案卷脊背。

2. 卷夹

卷夹外表尺寸为 310mm×220mm，厚度一般为 20～30mm。

（1）卷夹外表尺寸为 310mm×220mm。卷夹尺寸比 A4 幅面文件大 13mm 和 10mm，这种尺寸有利于对卷内文件的保护。

（2）卷夹厚度 20～30mm。卷夹与立卷的文件装订在一起，一般不宜过厚，以保证装订方便。卷夹厚度应不小于 20mm，有利于编制案卷脊背。

3．卷盒、卷夹用料

卷盒、卷夹应采用无酸纸制作。无酸纸是制作卷盒、卷夹材料的基本要求，它有利于防虫、防腐。

4．特殊尺寸案卷的装具

对于少量不能折叠和超厚或超大成册的档案，可根据案卷实际设计特殊尺寸的档案装具。可选择合适的大小和厚度，作为超厚、超大档案的装具。本装具以能利于保护档案安全，并能便于上架保管。

任务 2.6　水利工程资料的验收与移交

学习目标

知识目标：能叙述水利工程资料验收条件与程序以及工程资料移交的方式。

能力目标：能在工程完建之后将整理好的资料按规定验收并移交业主。

2.6.1　工程验收的条件与程序

2.6.1.1　竣工验收条件

施工单位承建的工程项目报请竣工验收条件如下：

（1）生产性项目和辅助公用设施已按设计建成，并能满足生产要求。

（2）主要工艺设备已安装配套，经联动负荷试车合格，安全生产和环境保护符合要求，已形成生产能力，并能够生产出设计文件规定的产品。

（3）生产性建设项目中的职工宿舍和其他必要的生活福利设施以及生产准备工作，能适应初期生产的需要。

（4）非生产性建设项目，土建工程及房屋建筑附属的给水排水、采暖通风、电气、煤气及电梯已安装完毕，室外的各管线已施工完毕，可以向用户供水、供电、供暖、供气，具备正常使用条件。

（5）列入城建档案馆（室）档案接收范围的工程，工程档案已通过当地城建档案管理机构初步验收，并已取得城建档案管理机构签发的建设工程档案初验认可文件。

工程项目（包括单项工程）符合上述基本条件，但实际上有少数非主要设备及某些特殊材料短期内不能解决，或工程虽未按设计规定的内容全部建完，但对投产、使用影响不大，也可报请竣工验收。此类工程在验收时，要将所缺设备、材料和未完工程列出清单，注明原因，报监理工程师以确定解决的办法。当这些设备、材料或未完工程已安装完毕或修建完工后，仍须按前述办法报请验收。

2.6.1.2　竣工验收程序

1．竣工预验

施工单位竣工预验是指工程项目完工后，要求监理工程师验收前由施工单位自行组织的内部模拟验收。内部预验是顺利通过正式验收的可靠保证，为了保证正式验收的顺利通过，最好邀请监理工程师参加。

预验工作一般可视工程重要程度及工程情况，分层次进行，通常有下述 3 个层次：

（1）基层施工单位自验。基层施工单位，由施工队长组织施工队的有关职能人员，对拟报竣工工程的情况和条件，根据施工图要求、合同规定和验收标准进行检查验收。主要包括竣工项目是否符合有关规定，工程质量是否符合质量标准，工程文件资料是否齐全，工程完成情况是否符合施工图使用要求等。若有不符之处，要及时组织力量，限期修理完成。

（2）工程处（或项目经理部）组织自验。工程处根据施工队的报告，由工程处领导或项目经理组织施工、技术、质量、计划等部门进行自验，自验内容大体同前。经严格检验并确认符合施工图设计要求，达到竣工标准后，即可填报竣工验收通知单。

（3）公司级预验。根据工程处的申请，竣工工程可视其重要程度和性质，由公司组织检查验收。也可分部门（施工、技术、质检等）分别进行检查验收，并进行评价，对不符合要求的项目提出改进措施。由施工队限期完成。

2．审查验收报告

监理工程师收到施工单位送交的验收报告后，应参照工程合同的要求、验收标准等进行仔细的审查。

3．现场初验

监理工程师审查验收申请报告后，若认为可以进行验收，则应由监理人员组成验收班子对竣工的工程项目进行初验，在初验中若发现质量问题，应及时以书面通知或以备忘录的形式通知施工单位，责令其按有关质量要求进行返修，直至符合规定标准。

4．正式验收

在监理工程师初验合格的基础上，即可由监理工程师牵头，组织业主、设计单位、施工单位等参加，在限定期限内进行正式验收，正式验收一般分两个阶段进行。

（1）单项工程验收。单项工程的竣工验收是指在一个总体建设项目中，一个单项工程或一个车间已按设计要求建设完毕，能满足生产要求或具备使用条件，且施工单位已预验，监理工程师已初验通过，在此基础上进行的正式验收。对由几个建筑企业负责施工的单项工程，当其中某一个企业所负责的部分已按设计要求完成，也可以组织正式验收，办理交工手续，交工时并请总包单位参加，以免相互耽误时间，对于建成的住宅可分幢进行正式验收，以便尽早交付使用，提高投资效益。

（2）全部验收。全部验收是指整个建设项目已按设计要求全部建设完成，并已符合竣工验收标准，施工单位预验通过，监理工程师初验认可，由监理工程师组织以建设单位为主，有勘察、设计、施工、生产等单位参加的正式验收。在整个项目进行全部验收时，验收过的单项工程，可以不再进行正式验收和办理验收手续，但应将单项工程验收单作为全部工程验收的附件而加以说明。对有些大型联合企业，因全部建设时间长，对其中重要的工程，也应该按整个项目全部验收的办法进行正式验收。

2.6.2　工程竣工验收文件

工程文件是工程项目竣工验收的重要依据之一，施工单位应按合同要求提供全套竣工验收所必需的工程文件，经监理工程师审核，确认合格后，方能同意竣工验收。

2.6.2.1　竣工验收文件的内容

工程项目竣工验收的文件主要有：工程项目开工报告、竣工报告；分项、分部工程和单位工程技术人员名单；图纸会审记录；设计变更通告单；水准点位置、定位测量记录、沉降及位移记录；材料、设备、构配件的质量合格证明资料、试验检验报告；隐蔽工程验收记录、施工日志；工程质量事故调查及处理报告；竣工图；质量检验评定文件等。

2.6.2.2　竣工验收文件的审核

监理工程师对竣工验收文件进行以下几个方面的重点审核：

（1）材料、设备、构配件的质量合格证明材料。这些证明材料必须如实反映实际情况，不得擅自修改、伪造和事后补作。对某些重要材料，还应附有关资质证明材料、质量及性能的复印件。

（2）试验检验文件。各种材料的试验检验文件，必须根据规范要求制作试件或取样，进行规定数量的试验，若施工单位对某种材料的检验缺乏相应的设备，可送具有权威性的有关试验机构进行检验。

（3）核查隐蔽工程记录及施工记录。

（4）审查竣工图。

建设项目竣工图是真实记录各种地下、地上建筑物等详细情况的技术文件，是对工程进行交工验收、维护、扩建、改建的依据，也是使用单位长期保存的技术文件。监理工程师必须按有关要求审查施工单位提交的竣工图是否与实际情况相符，若有疑问，及时向施工单位提出质询；若审查中发现竣工图不准确或短缺时，要及时让施工单位采取措施修改和补充；同时还要审查竣工图图面是否整洁，字迹是否清楚，是否用圆珠笔和其他易于褪色的墨水绘制。若不整洁，字迹不清。使用圆珠笔绘制等，必须让施工单位按要求重新绘制。

2.6.2.3　竣工验收文件的签证

监理工程师审查完承包单位提交的竣工文件之后，认为符合工程合同及有关规定，且准确、完整、真实，便可签证同意竣工验收的意见。

2.6.2.4　竣工验收工作文件

1. 单位工程竣工验收文件

施工单位在完成了设计图纸和合同约定的各项内容，工程质量自评符合标准、规范要求，有关功能性试验检测合格后，提出《××工程施工质量验收申请报告》，并经施工企业法人代表和项目经理签字、盖章，总监理工程师签署意见，交建设单位提请竣工验收。

2. 工程质量评估报告

工程检查验收合格后，由项目监理工程部出具《××工程质量评估报告》和监理工作总结。其内容包括工程概况、施工单位基本情况、主要采取的施工方法、工程地基基础和主体结构的质量状况、施工中发生过的质量事故、问题、原因分析和处理结果以及对工程质量的综合评估意见。评估报告应由项目总监理工程师签字，监理单位盖公章。

3. 验收申请报告

建设单位收到《××工程施工质量验收申请报告》且审查符合要求后，应确定参加竣工验收的单位、人员及验收组（委员会）成员名单，并向工程质量监督站和备案机关提出《××工程竣工验收申请报告》和《××工程竣工验收报告》

4. 竣工验收备案

工程竣工验收完成后，由勘察、设计、施工、监理和建设单位负责人共同签署《××工程竣工验收备案表》，并加盖各单位公章。

2.6.3　工程文件的归档

工程文件归档要符合下列规定：

（1）文件必须完整、准确、系统，能够反映工程建设活动的全过程。

（2）归档的文件必须经过分类整理，并应组成符合要求的案卷。

（3）根据建设程序和工程特点，归档可以分阶段进行，也可以在单位或分部工程通过竣工验收后进行。

（4）勘察、设计单位应当在任务完成时归档，施工、监理单位应当在工程竣工验收前，将各自形成的有关工程档案向建设单位归档。

（5）勘察、设计、施工单位在收齐工程文件并整理立卷后，建设单位、监理单位应根据城建档案管理机构的要求对档案文件完整、准确、系统情况和案卷质量进行审查。审查合格后向建设单位移交。

（6）工程档案一般不少于两套，一套由建设单位保管，另一套（原件）移交当地城建档案馆（室）。

（7）勘察、设计、施工、监理等单位向建设单位移交工程档案时，应编制移交清单，双方签字、盖章后方可交接。

（8）凡设计、施工及监理单应需要向本单位归档的文件，应按国家有关规定和各城建档案馆的要求单独立卷归档。

2.6.4　工程档案的验收与移交

（1）列入城建档案馆（室）档案接收范围的工程，建设单位在组织工程竣工验收前，应提请城建档案管理机构对工程档案进行预验收。建设单位未取得城建档案管理机构出具的认可文件，不得组织工程竣工验收。

（2）城建档案管理部门在进行工程档案预验收时，应重点验收以下内容：

1）工程档案齐全、系统、完整。

2）工程档案的内容真实、准确地反映工程建设活动和工程实际情况。

3）工程档案已整理立卷，立卷符合有关规范的规定。

4）竣工图绘制方法、图式及规格等符合专业技术要求，图面整洁，盖有竣工图章。

5）文件的形成、来源符合实际，要求单位或个人签章的文件，其签章手续完备。

6）文件材质、幅面、书写、绘图、用墨、托裱等符合要求。

（3）列入城建档案馆（室）接收范围的工程，建设单位在工程竣工验收后 3 个月内，必须向城建档案馆（室）移交一套符合规定的工程档案。

（4）停建、缓建建设工程的档案暂由建设单位保管。

（5）对改建、扩建和维修工程，建设单位应当组织设计、施工单位据实修改、补充和完善原工程档案。对改变的部位，应当重新编制工程档案，并在工程竣工验收后 3 个月内向城建档案馆（室）移交。

（6）建设单位向城建档案馆（室）移交工程档案时，应办理移交手续，填写移交目录，双方签字、盖章后交接。

2.6.5　工程资料的验收

工程竣工验收前，参建各方单位的主管（技术）负责人，应对本单位形成的工程资料进行竣工审查；建设单位应按照国家验收规范规定和有关规定的要求，对参建各方汇总的资料进行验收，使其完整、准确。

列入城建档案馆（室）档案接收范围的工程，建设单位在组织工程竣工验收前，应提请城建档案管理机构对工程档案进行预验收，建设单位未取得城建档案管理机构出具的认可文件不得组织工程竣工验收。

验收主要包括以下内容：

（1）工程资料是否齐全、系统、完整。

（2）工程资料的内容是否真实、准确地反映工程建设活动和工程实际状况。

（3）工程资料是否已整理立卷，并符合相关标准的规定。

（4）竣工图绘制方法、图式及规格等是否符合专业技术要求，图面整洁，加盖竣工图章等情况。

（5）文件的形成、来源是否符合实际，单位或个人的签章手续完备情况等。

（6）文件材质、幅面、书写、绘图、用墨、托裱等是否符合要求。

2.6.6　工程资料的移交

（1）施工、监理等工程参建单位应将工程资料按合同或协议在约定的时间按规定的套数移交给建设单位，并填写移交目录，双方签字、盖章后按规定办理移交手续。

（2）列入城建档案馆接收范围的工程，建设单位在工程竣工验收后 3 个月内必须向城建档案馆移交一套符合规定的工程档案资料，并按规定办理移交手续。若推迟报送日期，应在规定报送时间内向城建档案馆申请延期报送，并说明延期报送的原因，经同意后方可办理延期报送手续。停建、缓建工程的档案，暂由建设单位保管。改建、扩建和维修工程，建设单位应当组织设计、施工单位根据实际情况修改、补充和完善原工程资料，对改变的部分，应当重新编制工程档案，并在工程验收后 3 个月内向城建档案馆移交。建设单位向城建档案馆移交工程档案时，应办理移交手续，填写移交目录，双方签字、盖章后交接。

思 考 题

1. 施工管理文件包括哪些？

2. 什么是施工技术文件？它包括哪些？

3. 对进场的建设材料、产品规定进行复试检验的产品记录包括哪些？

4. 设计变更文件包括哪些？如何形成？

5. 施工测量文件包括哪些？各部分应由谁承担形成？

6. 施工试验文件包括哪些？

7. 工程检查文件包括哪些？

8. 地基与基础施工文件包括哪些？

9. 工程质量事故处理文件包括哪些方面？

10. 工程质量检查验收文件主要包括哪些方面的验收文件？

11. 文件收集应遵循哪些原则？

12. 工程文件收集时有何要求？

13. 工程文件收集时应从哪些方面做好工作？

14. 收集工程文件时有哪些技术保障措施？

15. 如何按专业进行文件收集？

16. 开工申报表的填写有何要求？

17. 施工现场质量管理记录都应反映哪些内容？对资料内容有何要求？

18. 技术交底记录内容要何要求？

19. 施工文件应反映什么内容，有何要求？

20. 预检工程记录资料表有何要求？

21. 工程竣工总结有何要求？

22. 质量控制资料包含哪些内容？

23. 工程质量保修书应如何填写？

24. 测量放线记录包括哪些内容？

25. 原材料出厂的质量合格证及进场试验报告如何填写？

26. 施工试验报告和记录包括哪些方面？有什么要求？

27. 隐蔽工程验收记录如何填写？

28. 施工记录包括哪些内容？

29. 质量事故处理记录有何要求？

30. 质量验收文件指什么？

31. 检验批验收文件如何填写？

32. 分项工程质量验收文件如何填写？

33. 分部工程质量验收文件如何填写？

34. 单位工程质量验收文件如何填写？

35. 单位工程质量控制核查记录如何填写？

36. 单位工程安全和功能资料及主要功能抽查记录表如何填写？

37. 单位工程观感质量检查记录如何填写？

38. 竣工图收集的原则有哪些？

39. 编绘竣工图应遵循哪些原则？

40. 竣工图有哪些形式？编绘竣工图有哪些要求？

41. 绘制竣工图的原则有哪些？

42. 项目档案立卷应遵循哪些规律？

43. 立卷有哪些方法？

44. 工程档案立卷时有哪些要求？

45. 立卷工作人员应从哪些方面检查工程文件的内容？

46. 如何组织案卷文件？如何进行案卷编目？

47. 工程档案资料如何装订？

48. 工程竣工文件的内容包括哪些？

49. 如何进行工程资料的验收？

模块 3 水利工程监理资料的整编

任务 3.1 监理文件的形成与收集

学习目标

知识目标：能陈述监理文件形成的内容与方法，能说出收集文件的途径要求。

能力目标：能在复杂的环境下有效收集监理文件。

建设工程项目的监理是指监理单位受项目法人的委托，依据国家批准的工程建设文件、有关的国家法律、法规、规范、工程监理合同及其他建设合同，对建设工程项目建设实施的监督管理。目前，实施的建设工程项目的监理主要是对勘察、设计和施工的质量、造价、进度及其相关合同进行控制和管理。

监理单位是在工商行政管理部门登记造册，取得企业法人营业执照，并获得工程建设行政主管部门颁发的监理单位资质等级证书，为建设单位提供建设工程监理服务的企业。监理单位的监理工作主要内容为控制工程建设的投资、建设工期和工程质量以及工程建设合同管理、协调有关单位之间的关系。

目前，在建设市场上实施监理的工程主要是对工程施工的监理，有些工程也对工程设计实施了监理。监理文件是指工程设计和工程施工监理时产生的文件。

3.1.1 设计监理文件

设计监理文件是监理单位在工程设计时期，对工程设计方案、初步（技术）设计、施工图设计实施监理工作产生的设计监理管理文件，对设计单位提交的工程设计方案、初步（技术）设计、施工图设计成果、工作进度、设计质量的监理过程中提出的审核报告等各种设计监理技术文件。

3.1.1.1 设计监理工作计划书

设计监理工作计划书是工程监理单位根据建设工程项目基本情况和设计监理合同条款编制的对工程设计时期实施设计监理的计划。设计监理工作计划书的主要内容如下：

（1）工程的概况和特点。

（2）设计监理的范围和深度。

（3）设计监理的依据和基础。

（4）设计监理各个阶段的任务。

（5）设计监理机构和主要人员配置。

（6）设计监理的主要控制目标和措施。

（7）各设计阶段设计监理的流程。

此设计监理工作计划书报建设单位审核和备案。

3.1.1.2 阶段设计监理审核报告

阶段设计是指工程设计方案、初步（技术）设计、施工图设计各阶段工作完成后，监理单位对每个阶段设计文件和成果进行审核，并出具阶段设计监理审核报告。监理单位对设计单位提出的阶段设计文件逐一进行审核，将审核结果以报告的形式向建设单位报告。以建筑安装工程为例加以说明。

阶段设计监理审核报告分为前言和具体内容两部分。

1. 前言

（1）工程概况及设计进度概况。

（2）阶段设计审核报告的依据。

（3）收到和尚缺少应提供的文件材料的名单。

（4）对审核的设计文件总体评价。

2. 具体内容的审核意见

（1）对规划专业（设计方案）审核意见。

（2）对建筑专业审核意见。

（3）对结构专业审核意见。

（4）对地基与基础专业审核意见。

（5）对水、暖、气等专业审核意见。

（6）对机电专业审核意见。

3.1.1.3 设计监理审核总报告

设计监理审核总报告是监理单位在建设工程项目设计监理过程中，对设计单位设计的各个阶段形成的设计文件审核意见的汇总，并对整个设计成果提出总的审核意见的总结文件。设计监理审核总报告是监理单位对设计监理工作成果的展示，也是建设单位对设计监理工作考核的主要依据文件。设计监理审核总报告的内容包括前言和审核内容两部分。

1. 前言

（1）工程概况和审核报告编制依据。

（2）设计文件材料名单。

（3）监理过程。

2. 审核内容

（1）对各设计阶段监理内容和监理结果。

（2）对各设计阶段监理内容和监理结果的汇总。

（3）对设计工作和设计成果总体审核意见。

（4）监理建议。

3.1.1.4 设计监理过程文件

在工程设计过程中监理单位要参与以下活动：

（1）参与工程设计招投标，协助建设单位进行设计合同的签订。

（2）参与设计方案的评定。

（3）对设计过程形成的设计文件、图纸的质量、进度、概预算实施控制。

（4）参与设备的选型。

（5）协调建设单位与设计单位之间的关系。

监理单位在参与上述活动中，与建设、设计等单位进行信息传递的函件、电子邮件、召开会议的会议记录、会议纪要、有关事项的协调书、通知书等均为监理单位形成的设计监理过程文件。

3.1.2　施工监理文件

施工监理是在建设工程项目施工前，建设单位与监理单位签订的书面委托监理合同，依据合同，监理单位接受建设单位委托，代表建设单位对建设工程质量、进度、造价及施工合同中的其他事项进行全面的控制和管理。施工监理单位应遵守"守法、诚信、公正、科学"的监理基本准则，实行总监理工程师负责制。施工监理文件主要是在施工监理管理、监理工作和监理验收中形成的，是施工监理工作的记录和总结，一般将施工监理文件分为 3 个部分：施工监理管理文件、施工监理工作记录、施工监理验收文件。

3.1.3　施工监理管理文件

施工监理管理文件是监理单位实施建设工程施工监理过程中形成的管理文件，主要包括监理规划、监理实施细则、监理月报、监理会议纪要、监理通知、监理工作日志、监理工作总结等。

3.1.3.1　工程项目监理规划与实施细则

建设工程项目监理规划由项目总监理工程师组织编制，并经监理单位技术负责人批准，用以指导工程项目监理部全面开展监理业务的指导性文件。监理实施细则是总监理工程师根据需要，依据监理规划，组织监理工程师编制，并经总监理工程师批准的针对某一专业或某一方面监理工作的、具有可操作性的监理文件。

1. 工程项目监理规划

工程项目监理规划是监理单位收到委托监理合同和相关文件一个月内，由总监理工程师组织完成编制工作，经监理单位技术负责人审核批准，报建设单位。监理规划的内容应有针对性、时效性，做到控制目标明确、措施有效、工作程序合理、制度健全、职责分工清楚，对监理工作实施具有指导作用。工程项目监理规划的主要内容如下：

（1）工程项目概况（工程项目特征，工程项目建设实施相关单位名录）。

（2）监理工作依据。

（3）监理范围和目标（工程范围和工作内容，工期、质量、造价的控制目标）。

（4）工程进度控制（工期控制目标分解，控制程序、控制要点、控制进度风险措施等）。

（5）工程质量控制（质量控制目标分解，控制程序、控制要点、控制质量风险措施等）。

（6）工程造价控制（造价控制目标分解，控制程序、控制要点、控制造价风险措施等）。

（7）合同其他事项管理（工程变更记录、索赔管理、合同争议的协调方法等）。

（8）工程项目监理部组织机构。

（9）工程项目监理部资源配置一览表。

（10）监理工作管理制度。

2. 工程项目监理实施细则

对于技术复杂、专业性较强或大型的建设工程项目，工程项目监理部应编制工程项目监理实施细则。工程项目监理实施细则编制完成后，报监理单位，经总监理工程师批准，报建设单位。工程项目监理实施细则应符合监理规划的要求，并要结合建设工程项目的专业特点，做到翔实、具体、具有可操作性。工程项目监理实施细则包括下列主要内容：

（1）专业（或专项，或关键工序，或特殊工序，或重点部位等）工程特点。

（2）监理工作流程。

（3）监理工作控制要点及目标值。

（4）监理工作方法及措施。

3.1.3.2　监理月报

监理月报是总监理工程师组织编制的按月反映工程现状和监理工作情况的小结和建议文件，应做到数据准确、重点突出、语言简练，并附必要的图表和照片，经总监理工程师签发后，报建设单位和监理单位。

监理月报的基本内容如下：

（1）工程概况，包括工程基本情况、施工基本情况。

（2）施工承包单位组织体系和分工（总承包单位、分包单位的组织机构和承包工程内容情况）。

（3）工程进度。

（4）工程质量。

（5）工程计量和工程款支付情况。

（6）构配件与设备供应及到场情况和质量。

（7）合同其他事项的处理情况。

（8）天气对施工影响情况。

（9）工程项目监理部组成与工作统计。

（10）本月监理工作小结（本月工程施工情况的综合评价，下月工作内容、重点、意见和建议）。

3.1.3.3　监理会议纪要

工程项目监理部主持召开的工地会议有监理例会和专题工地会，由工程项目监理部负责整理会议纪要。

1. 监理例会

监理例会是在施工合同实施过程中，工程项目监理部总监理工程师定期组织与主持召开履约各方沟通情况、交流信息、协调处理、研究解决合同履行中存在的各方面问题的监理例会。监理例会一般每周召开一次，由指定的监理人员记录并根据会议记录整理形成监理例会会议纪要。

监理例会会议纪要的主要内容如下：

（1）会议地点及时间。

（2）会议主持人。

（3）与会人员姓名、单位、职务。

（4）会议主要内容，决议事项及其落实单位、负责人和时限要求。

（5）其他事项。例会上意见不一致的重大问题，应将各方面的主要观点，特别是相互对立的意见记入"其他事项"中。

会议纪要需经总监理工程师审阅，由与会各方代表会签，发至与合同有关的各方。

2. 专题工地会

专题工地会是由总监理工程师或由其授权的专业监理工程师主持，合同各方和与会议专题有关单位的负责人及专业人员参加，为解决专门问题而召开的会议。工程项目监理部应做好会议记录，并整理专题工地会议纪要。专题工地会议纪要内容为会议目的、主持人、参加人员、讨论的具体专题、会议决议及其他事项。会议纪要应由总监理工程师签认，发至与合同有关的各方。

3.1.3.4　监理通知

监理单位在实施施工监理时，对有关单位发出工程进度、工程质量、工程造价控制与管理方面的书面通知，分为工程进度控制监理通知、工程质量控制监理通知、工程造价控制监理通知。

1. 工程进度控制监理通知

工程进度控制监理通知是由监理单位监理工程师（重要事项由总监理工程师）签发的，因发现偏离工程进度计划，要求施工承包单位及时采取措施，实现计划进度目标的通知。工程进度控制监理通知的内容如下：

（1）被通知单位。

（2）通知事由（偏离进度计划事项）。

（3）具体内容（应当按计划完成的事项，提出按计划完成的要求和建议）。

（4）发通知的监理单位、责任人及日期。

2. 工程质量控制监理通知

工程质量控制监理通知是监理工程师在施工现场巡视检查，关键工序、重点部位等旁站发现的问题，可先口头通知施工承包单位改正，然后由监理工程师及时签发的质量控制文件。对隐蔽工程检查不合格工程或不合格分项工程，工程项目监理单位应填写不合格项目通知，要求施工承包单位整改。

工程质量控制监理通知的内容和格式与工程进度控制监理通知相同，只是把"进度"改为"质量"。

3. 工程造价控制监理通知

工程造价控制监理通知是监理单位在工程造价监理过程中发现造价方面的问题，由监理工程师签发的监理通知，或称工作联系单，是与建设单位、施工单位沟通信息，提出工程造价控制的建议文件。

工程造价控制监理通知（或工作联系单）的内容和格式与工程进度控制监理通知相同，只是把"进度"改为"造价"。

3.1.3.5　监理工作日志

监理工作包括监理管理台账和监理工作日志。监理管理台账和监理工作日志均为监理单位对建设工程项目施工监理过程的记载。

1. 监理管理台账

　　监理管理台账是监理单位对建设工程项目监理工作按时间顺序建立的记载工程进度、质量、造价和其他事项的账本，由监理单位指派专门人员负责记录和登记。

　　2. 监理工作日志

　　监理工作日志是监理单位指派专人对监理的建设工程项目以单位工程为记载对象，从工程开工到工程竣工逐日记载，形成内容连续和完整的记录，包括工程进度、工程质量、工程造价的控制和管理，以及其他事项的管理。

3.1.3.6　监理工作总结

　　施工监理工作的某一阶段、某一专项或建设工程完工后，监理单位编写向建设单位提交的监理工作总结。监理工作总结包括专题总结、阶段总结和竣工总结。

　　1. 专题总结

　　专题总结是施工过程中，监理单位对某一专项（题）工作的总结，要对专项（题）工作进行内容翔实、评价准确公正的总结。

　　2. 阶段总结

　　阶段总结是监理单位对某一阶段（或某一时间段）的施工进度、质量、造价的总结和评估。

　　3. 竣工总结

　　竣工总结是工程施工完毕后，监理单位对工程施工监理全过程的全面总结，是监理单位完成建设工程项目监理工作的总结性文件。

　　4. 监理工作总结的内容

　　(1) 工程概况。

　　(2) 监理组织机构、监理人员和投入的监理设施。

　　(3) 监理合同履行情况。

　　(4) 监理工作成效。

　　(5) 施工过程中出现的问题及其处理情况和建议。

　　(6) 工程照片（必要时）。

3.1.4　施工监理工作记录

　　施工监理工作是监理工作的基础性工作，是工程监理质量和深度的体现，也是对工程建设施工成果评估判断的依据。施工监理工作记录是监理工程师在实施施工监理各项活动中形成的记录性文件，监理单位应对监理记录力求做到全面、准确、有理有据，为解决各种纠纷、费用索赔等提供依据。

　　施工监理工作记录包括施工准备审批文件、工程进度控制审批文件、工程质量控制审批文件和工程造价审批文件。

3.1.4.1　施工准备审批文件

　　施工单位应当将本单位技术主管部门审查通过的施工准备文件送工程项目监理部审批，审查一般由工程项目监理工程师进行，并由工程项目总监理工程师签署批准实施。施工准备文件主要有审查施工组织设计（施工方案），查验施工测量放线成果，核查开工条件等。

1.　工程技术文件报审表

工程技术文件报审表是工程施工承包单位在开工前向工程项目监理部报送施工组织设计（施工方案）时应填写的呈报文件的表格，总监理工程师组织审查，待核准后，施工承包单位执行。工程技术文件报审表的内容如下：

（1）工程名称、编号、报审日期。

（2）申报单位填写申报文件的类别（文件名称）、编制人、册数、页数、申报单位及负责人，申报人签字、申报单位盖章。

（3）施工承包单位审核意见，由施工承包单位、审核人签字或盖章，写明审核日期。

（4）监理单位审核意见、审定结论，由监理单位盖章及总监理工程师签字。

附件：在申报表中要附全部与申报内容有关的文件。

监理单位对施工组织设计审核的主要内容：审批手续是否齐全，施工现场平面布置是否合理，施工部署、方法是否可行，质量保证措施是否可靠，工期是否满足合同要求，进度计划是否保证施工的连续性和均衡性，技术质量保证体系是否健全，安全保证措施是否符合规定，季节施工和专项施工方案的可行性、合理性和先进性。

2.　施工测量放线报验表

施工测量放线成果是工程定位的标志文件，施工承包单位应将施工测量方案，红线桩校验成果，水准点的引测结果等内容填写在施工测量放线报验表中，并附工程定位测量记录报工程项目监理部查验，监理单位对施工控制网、轴线控制桩、高程控制图等进行检查，符合规定由监理工程师签认。施工测量放线报验表内容分为两部分，一部分是施工承包单位向监理单位申报的有关测量放线予以查验的请示，并附有放线的依据材料和放线成果表；另一部分是监理单位查验结果和查验结论。要注意施工承包单位、监理单位及其责任人在报验表上应签证齐全。

3.　工程动工报审表

施工承包单位认为达到了开工条件，应当填写工程动工报审表，向工程项目监理部申报，请求批准开工。工程项目监理单位按开工应具备的条件逐项进行检查，检查后认为已具备开工条件时，由总监理工程师在工程动工报审表上签署意见，并报建设单位。工程动工报审表分两部分：第一部分为施工承包单位的申请；第二部分为监理单位的审批意见。

第一部分施工承包单位的开工申请，内容为已具备的开工条件、计划开工日期等。应具备的开工条件主要如下：

（1）建设工程施工许可证。

（2）施工组织设计。

（3）施工测量放线。

（4）主要施工人员、材料、设备进场。

（5）施工现场道路、水、电、通信等已达到开工条件。

（6）其他。

第二部分工程项目监理单位的审批意见，主要内容如下：

（1）总监理工程师的审批结论。

（2）监理工程师的审查意见。

3.1.4.2 工程进度控制审批文件

工程施工进度报审是对工程施工进度控制的重要手段，应采用动态的控制方法，对工程进度实施主动控制。工程进度控制文件主要包括施工进度计划报审表，每月工、料、机动态表和工程延期申请和审批表等。

1. 施工进度计划报审表

施工承包单位应根据建设工程施工合同的约定，编制施工总进度计划，年进度计划、季度进度计划、月进度计划，并按时填写施工进度计划报审表，报工程项目监理部审批。施工进度计划报审表的内容为施工承包单位申报和监理单位的审批两部分。

第一部分为施工承包单位申报的内容，包括工程进度的请示和施工进度计划等附件。施工进度计划是施工承包单位依据合同中约定的施工进度，结合施工组织设计中的施工方案，以及资源供应、合同工期、施工定额、施工图和施工准备情况编制的施工进度计划，包括总进度、年进度、季进度、月进度计划的编制。

第二部分为监理单位的审查意见。监理工程师根据建设工程的基本条件（工程的规模、质量标准、复杂程度、施工的现场条件等）及施工队伍条件，全面分析施工承包单位编制的施工进度计划的合理性、可行性、可操作性，由监理工程师提出审查意见，再由总监理工程师签署审批结论。

2. 每月工、料、机动态表

每月工、料、机动态表是施工承包单位向监理单位备案的人工、主要材料、主要机械进出场动态。

3. 工程延期申请表和工程延期审批表

工程延期是指由于非施工单位原因不能按时开工或工程量变化、停水、停电或其他不可抗拒因素造成的工期拖延。必须延长工期时，施工承包单位填写工程延期申请表，报工程项目监理部，总监理工程师根据合同约定，与建设单位协商一致后，共同签署工程延期审批表，要求施工承包单位据此重新调整工程进度计划。

（1）工程延期申请表。工程延期申请表是由施工承包单位项目经理签发，报监理单位，申请工程延期的文件。主要内容为：申请工程延期的依据及工期计算，合同竣工工期，申请延长竣工的日期以及证明材料。

（2）工程延期审批表。工程延期审批表是由监理单位总监理工程师根据合同约定与建设单位协商后共同签发的工程延期审批文件，其内容是对工程延期申请进行审核评估，确定同意或不同意延长工期。同意延长工期的延长天数，重新调整的竣工日期以及必要的说明，要求施工承包单位据此重新调整工程进度计划。

3.1.4.3 工程质量控制审批文件

工程质量是指反映工程建设成果的性能、可靠性、经济性等特征。工程质量控制是为了达到工程质量要求所采取的技术措施，就是以施工质量验收统一标准和验收规范为依据，督促施工承包单位全面实现施工合同约定的质量目标。工程质量控制以事前控制为主，采用必要的检查、测量和试验手段，验证建设工程施工质量。工程质量控制文件主要有分包单位资质审批、工程物质进场报验、不合格项处置、分部/分项工程施工报验、基础/主体结构验收、单位工程竣工验收、工程质量评估、工程暂停和复工和质量事故处理。

1. 分包单位资质报审表

建设工程项目施工总承包单位将承包工程分解，分包给有施工资质和施工能力的单位，这是完成工程施工任务的一般做法。工程施工总承包单位应将分包单位情况填写分包单位资质报审表，报工程项目监理部审查。监理单位审查分包单位营业执照、企业资质等级证书、专业许可证、岗位证书及业绩等材料，经审查合格，签发分包单位资质报审表。报审表内容为施工总承包单位填写的申报书和监理单位的审批意见。

（1）施工单位填写的申报书内容。推荐分包单位参加工程施工的申请函，并附有分包单位资质材料、业绩材料，分包单位分包工程的名称、数量等。

（2）监理单位的审批内容。就施工单位填写的申报书的内容，由监理工程师提出审查意见和由总监理工程师审核后的审批意见。

2. 工程物资进场报验表

工程物资指工程材料、构配件、设备等，施工承包单位应将进场的原材料进行复试，构配件、设备进行检验测试，将复试、检验测试结果填入工程物资进场报验表，报工程项目监理部签认。工程物资进场报验表的内容：申报单位的申报书，施工承包单位和监理单位的检验和验收意见。

（1）申报单位的申报书内容。申报函、进场物资清单（物资名称、规格、单位、数量、进场日期等）及其附件（出厂合格证及厂家质量检验报告、保证书、商检证，进场检查记录，进场复试记录，备案情况等）。

（2）施工承包单位检查意见，由技术负责人签发。

（3）监理单位验收意见，提出报验结论，由监理工程师签发。

3. 分项/分部工程施工报验表

分项/分部工程施工验收是施工承包单位在一个检验批或分项/分部工程完成后对工程质量的检验，自检合格，填写分项/分部工程施工报验表报工程项目监理部审查。审查采用施工现场抽检、核查等方法，对符合要求的分项/分部工程予以签证。分项/分部工程施工报验表内容分施工承包单位填写的申报函和监理单位的审查意见及结论。

（1）施工承包单位的申报函，包括申请验收的函件及附件。附件有预检、隐检记录，施工记录，施工试验记录和分项/分部工程质检评定记录等。

（2）监理单位审查意见是由监理工程师或总监理工程师签署的审查意见和审查结论。

4. 单位工程竣工预验收报验表

施工承包单位在单位工程施工完成自检合格并达到竣工验收条件时，应填写单位工程竣工预验收报验表，并附相应的竣工文件报工程项目监理部，申请竣工预验收。监理单位组织进行单位工程预验收，检查合格后，总监理工程师在单位工程竣工预验收报验表上签署意见。

单位工程竣工预验收报验表内容为施工承包单位申请预验收的函件和附件（相应的竣工材料），监理单位总监理工程师签署的审查意见和可否组织单位工程竣工验收的结论。

5. 工程质量评估报告

单位工程预验收合格后，由监理单位项目总监理工程师组织编写工程质量评估报告，总监理工程师和监理单位技术负责人签证，并加盖公章，报建设单位。工程质量评估报告是监理单位对单位工程施工质量进行总体评价的技术性文件，主要内容如下：

（1）工程概况。

（2）施工方法。

（3）施工质量验收情况。

（4）施工中发生的质量事故和主要质量问题、原因分析及处理结果。

（5）对工程质量综合评估意见。

6. 不合格项处置记录

监理单位在工程项目监理过程中发现某一施工项目、或隐蔽工程、或分项工程、或分部工程、零进场的物资不合格时应填写不合格项处置记录，要求施工承包单位限期整改，并将处理结果报监理单位。不合格项处理记录内容如下：监理单位签发不合格项发生的部位、原因，致施工承包单位限期改正的预算工程进度款，填写月工程进度款报审表、工程变更费用报审表和费用索赔审批表等计算当期工程款，填写工程款支付申请表报工程项目监理部，监理工程师根据施工合同及有关定额，确认支付款项，由总监理工程师签发工程款支付证书，报建设单位。

3.1.4.4　投资控制审批文件

1. 竣工结算

建设工程竣工验收合格后，施工承包单位应在规定时间内向工程项目监理部提交竣工结算材料和工程款支付申请表，工程项目监理部应及时审查，并与施工承包单位、建设单位协商或协调后，提出审核意见，总监理工程师根据协商结论签发竣工结算的工程款支付证书，报建设单位。

2. 工程款支付申请表

工程款支付申请表是施工承包单位项目经理签发的向监理单位申请工程款支付的申请函。申请表的内容除施工承包单位请求监理单位开具工程款支付证书的函件外，还应有工程量清单和支付工程款计算方法等附件。

3. 工程款支付证书

它是监理单位总监理工程对施工承包单位工程款支付申请表审核后签发给建设单位支付工程款的函件，请建设单位按合同规定及时付款。函件中写明应支付款项、金额，并附有施工承包单位"工程款支付申请表"及附件，和工程项目监理部审查记录。

4. 工程变更费用

施工承包单位根据工程变更等发生的费用，填写工程变更费用报审表报工程项目监理部，经工程项目监理部进行审核，并与施工承包单位和建设单位协商后提出审核意见，由总监理工程师签认，建设单位批准。工程变更费用报审表分 3 部分。第一部分为施工承包单位项目经理签发致监理单位的函件，根据工程变更申请费用，附有工程变更造成工程量的变化和工程款增减的计算结果的表格；第二部分为监理单位意见，一般由监理工程师提出审核意见；第三部分为建设单位审批意见。

5. 费用索赔

由于不可抗拒因素（战争、自然灾害等）、无法预见的因素（地质、人为因素）和工程变更等非承包单位原因增加的费用，施工承包单位应申请索赔。施工承包单位向工程项目监理部正式提交费用索赔申请表，由总监理工程师审查后，与建设单位和施工承包单位协商，确定赔付金额，并签发费用索赔审批表。

（1）费用索赔申请表是施工承包单位项目经理部签发报监理单位的函件，主要内容为要求索赔的原因和金额、索赔的详细理由、索赔金额计算，以及附件、证明材料等。

（2）费用索赔审批表是由监理单位总监理工程师签发的致施工承包单位关于费用索赔申请的复函，主要内容为对费用索赔的理由和金额进行审核评估后做出的决定，并注明索赔的理由和索赔金额的计算。

3.1.5　施工监理验收文件

建设工程项目竣工验收后，施工单位应向建设单位进行工程移交。建设工程项目的移交由监理单位组织，由项目总监理工程师和建设单位代表共同签署竣工移交证书。同时，监理单位编写监理工作总结。

3.1.5.1　竣工移交证书

建设工程项目竣工验收合格后，由监理单位总监理工程师和建设单位的代表共同签署竣工移交证书，并由监理单位、建设单位盖章后，送施工承包单位一份。竣工移交证书是证明工程竣工并向建设单位移交的证明文件，其内容为建设工程项目已按施工合同要求完成，并验收合格，移交建设单位管理，并附有单位工程竣工验收记录。

3.1.5.2　工程项目监理工作总结

建设工程项目施工完成并通过竣工验收后，监理工作随之结束，工程项目监理部应由总监理工程师组织相关人员及时撰写监理工作总结，并向建设单位提交。工程项目监理工作总结是监理单位对履行委托监理合同情况及监理工作情况的综合性报告，主要内容如下：

（1）工程概况。

（2）监理组织机构、监理人员和投入的监理设施。

（3）监理合同履行情况。

（4）监理工作成效。

（5）施工过程中出现的问题、处理情况和建议。

（6）工程照片（必要时）。

任务 3.2　监理资料整理与查验

学习目标

知识目标：能说出监理资料整理的方法和查验的内容。

能力目标：能对收集的监理资料按规定进行归类整理，并对资料的完整性与正确性进行查验。

3.2.1　监理管理资料

3.2.1.1　监理大纲

监理大纲，又称监理方案或监理工作大纲，是监理单位在建设单位进行监理招标过程中，为承揽到监理业务，针对建设单位计划委托监理的工程特点，根据监理招标文件所确定的工作范围，编写的监理方案性文件。

监理大纲的具体内容如下：

（1）项目概况。

（2）监理工作的指导思想和监理工作的目标。

（3）项目监理机构的组织形式。

（4）项目监理机构的人员组成，包括主要人员情况介绍，尤其是项目总监理工程师及其代表的资质情况介绍。

（5）监理报告（监理报表）目录及主要监理报告格式。

（6）监理人员的职责及工作制度。

（7）监理装备与监理手段。

（8）组织协调的任务和做法。

（9）信息、合同管理的工作任务和方法。

（10）质量、投资、进度控制的工作任务和方法。

为使监理大纲的内容和监理实施过程紧密结合，监理大纲的编制人员应当是监理单位经营部门或技术管理部门人员，也应包括拟定的总监理工程师。总监理工程师参与编制监理大纲，有利于今后监理规划的编制。编制监理大纲的重点主要放在监理方法、监理手段和装备这两项内容上。

3.2.1.2　监理规划

监理规划是监理单位接受委托监理合同后，由总监理工程师主持，专业监理工程师参加编制的指导项目监理、组织全面开展工程建设监理工作的纲领性文件。监理规划应在签订委托监理合同，即收到设计文件后开始编制，并应在召开第一次工地会议前报送建设单位。

1. 监理规划的主要内容

根据 GB 50319—2000《建设工程监理规范》的规定，监理规划至少应包括以下 12 项内容。

（1）工程项目概况。包括工程名称、建设地址、建设规模、结构类型、建筑面积、工期及开竣工日期、工程质量等级、预计工程投资总额、主要设计单位及工程总施工单位等。

（2）监理工作范围。指监理单位所承担任务的工程项目建设监理的范围。

（3）监理工作内容。应根据监理工作界定的范围制定监理工作内容。在工程项目建设的不同阶段，监理的工作内容都不相同。在项目的施工阶段，监理工作内容主要是一协调（组织协调）、二管理（信息管理、合同管理）、三控制（投资控制、质量控制、进度控制）。

（4）监理工作目标。它是监理单位所承担工作项目的投资、工期、质量等的控制目标，应按照监理合同所确定的监理工作目标来控制。

（5）监理工作依据。包括建设工程相关的法律、法规、标准，建设项目设计文件，监理大纲，委托监理合同文件以及与建设工程项目相关的合同文件。

（6）监理单位的组织形式。按照监理单位的岗位设置内容采用的组织形式，用图或表的形式表示。

（7）监理单位的人员配备计划。根据监理工作内容、工作复杂程度，配备相应层次和数量的总监理工程师、总监代表、专业监理工程师和监理员。

（8）监理单位的人员岗位职责。包括监理单位各职能部门的职责以及各类监理人员的职责分工。

（9）监理工作程序。按照 GB 50319—2000《建设工程监理规范》的规定编写。

（10）监理工作方法及措施。针对监理工作内容的不同方面制定详细的工作方法及相应的措施。

（11）监理工作制度，包括监理会议制度、信息和资料管理制度、监理工作报告制度以及其他监理工作制度。

（12）监理设施。包括由建设单位按照监理合同约定提供的设施和监理单位自备的监理设施。

2．监理规划的编制依据

（1）建设工程的相关法律、法规及项目审批文件。

（2）与建设工程项目有关的标准、设计文件、技术资料。

（3）监理大纲、委托监理合同文件以及与建设工程项目相关的合同文件。

（4）工程地质、水文地质、气象资料、材料供应、勘察、设计、施工、交通、能源、市政公用设施等方面的资料。

（5）工程报建的有关批准文件、招投标文件及国家、地方政府对建设监理的规定。

（6）勘察、设计、施工、质量检验评定等方面的规范、规程、标准等。

3.2.1.3　监理实施细则

监理实施细则是在监理规划的基础上，对各种监理工作如何具体实施和操作进一步系统化和具体化。

1．编制监理实施细则的一般要求

监理实施细则一定要根据不同工程对象有针对性地编写。

（1）对中型及以上或专业性较强的工程项目，监理单位应编制监理实施细则；对规模较小或小型的工程可将监理规划编制得详细一点，不再另行编写监理实施细则。

（2）监理实施细则应符合监理规划的要求，并应体现监理单位对所监理的工程项目的专业特点，做到详细具体。在专业技术、管理和目标控制方面有具体要求的，应分别编制。

（3）监理实施细则编制程序、依据和主要内容应符合 GB 50349—2000《建设工程监理规范》的要求。

（4）监理实施细则应由专业监理工程师编写，并经总监理工程师批准。

（5）监理实施细则必须在相应工程开始前编制完成。当发生某分部或单位工程按专业划分构成一个整体的局部或施工图未出齐就开工等情况时，可按工程进展情况分阶段编写监理实施细则。

（6）在监理工作实施过程中，监理实施细则应根据实际情况进行补充、修改和完善。

2．监理实施细则的编制内容

（1）针对专业工程的特点提出的具体监理方法或措施。

（2）针对监理工作的流程提出的相应环节的控制要点。

（3）监理工作的控制要点及目标值。

（4）阐述具体的监理工作方法及措施。

3.2.1.4　监理会议纪要

监理会议纪要是按施工监理过程中召开的监理会议内容经整理形成文件，包括工地例会纪要和专题会议纪要。工地例会是总监理工程师定期主持召开的工地会议，专题会议是为解决施工过程中的各种专项问题而召开的不定期会议，由总监理工程师或其授权的监理工程师主持，工程项目各主要参建单位参加，会议应有主要议题。

纪要说明如下：

（1）"主要内容"应简明扼要地写清楚会议的主要内容及中心议题（即与会各方提出的主要事项和意见）工地例会还包括检查上次例会议定各项的落实情况。

（2）"会议决定"应写清楚会议达成的一致意见、下步工作安排和对未解决问题的处理意见。

（3）会议纪要必须及时记录、整理、记录内容齐全。对会议中提出的问题，记录准确，技术用语规范，文字简练明了。

（4）会议纪要由下而上监理单位起草，总监理工程师审阅，与会各方代表签字。

（5）会议记录必须有会议名称、主持人、参加人，公议时间，地点、会议内容、参加人员签章。

3.2.1.5　监理工作联系单

监理工作联系单是指在施工过程中，与监理有关各方的工作联系用表，即与监理有关的某一方需向另一方或几方告知某一事项，或督促某项工作，或提出某项建议时发出的联系文件。要注意的是，联系单不是指令，也不是监理通知，对方执行情况不需要书面回复时均用此表。

3.2.1.6　监理工程师通知单

监理工程师通知单是指监理单位认为在工程实施过程中需要将建设、设计、勘察、施工、材料供应等各方应知的事项发出的监理文件。监理工程师现场发出的口头指令及要求，也应采用此表予以确认。

1. 资料表式

资料表式如下。

监 理 工 程 师 通 知

（第　　号）工程承建单位：	合同号：No.
致＿＿＿＿＿＿＿＿＿＿：	
事由：＿＿＿＿＿＿＿＿＿＿＿＿＿＿＿＿＿＿＿＿＿	
＿＿＿＿＿＿＿＿＿＿＿＿＿＿＿＿＿＿＿＿＿＿＿＿＿＿＿＿	
通知内容：	
	监理部：
	年　月　日

说明：一式三份，监理部二份，工程承建单位一份。

2. 资料说明

（1）本表由监理单位填写，必须及时、准确，通知内容完整，技术用语规范，文字简练明了。需附图时，附图应简单易懂，且能反映附图的内容。

（2）监理单位必须加盖公章和总监理工程师签字，不得代签和加盖手章，不签字无效。

（3）"致"指监理单位发给某单位的单位名称；"事由"指通知事项的主题（发生问题的部位，问题的性质，提出问题的依据）；"内容"指通知事项的详细说明和对施工单位的工作要求、指令等。

3.2.1.7　监理日记

监理日记指由专业监理工程师和监理员书写，以单位工程为记载对象，从工程开始到工程竣工止，记载内容保持连续完整的一种监理管理文件。

监理日记有不同角度的记录，项目总监理工程师可以指定一名监理工程师对每日总的情况进行记录，统称为项目监理日记；专业监理工程师可以从专业的角度进行记录；监理员可以从负责的单位工程、分部工程、分项工程的具体部位施工情况进行记录。侧重点不同，记录的内容、范围也不同。

资料要求如下。

（1）监理日记以单位工程为记录对象，从工程开工之日起至工程竣工日止，由专人或相关人逐日记载，记载内容应保持其连续性和完整性。

（2）监理日记必须及时记录、整理，应做到记录内容齐全、详细、准确，真实反映当天的具体情况；技术用语规范，文字简洁清晰。监理人员巡检、专检或工作后应及时填写并签字。不得补记，不得隔页或扯页，以保持其原始记录。

（3）表中"施工主要内容记录"指施工单位参与施工的施工人数、作业内容及部位，使用的主要施工设备、材料等；对主要的分部、分项工程开工、完工做出标记。

（4）表中"主要事项记录"指记载当日的监理工作内容和有关事项。

（5）监理日记应使用统一制定的表格形式，每册封面应标明工程名称、册号、记录时间段及建设、设计、施工、监理单位名称，并由总监理工程师签字。

3.2.1.8　旁站监理记录

旁站是指监理人员对施工中的关键部位、关键工序的质量实施全过程的现场跟班监督活动。旁站监理人员实施旁站监理时，发现施工单位有违反工程建设强制性标准行为时，有权责令施工单位立即改正；严重时，应及时向监理工程师或总监理工程师报告。旁站监理记录是监理工程师行使有关签字权的重要依据。旁站监理记录表经监理单位审查后以表格或当地建设行政主管部门授权部门下发的表格归存。

资料要求如下。

（1）旁站监理必须执行记录：记录应及时、准确；内容完整、齐全，技术用语规范，文字简洁清晰。

（2）旁站监理记录是监理工程师或总监理工程师依法行使其签字权的重要依据。对于需要旁站监理的关键部位、关键工序施工，凡没有实施旁站监理或者没有旁站监理记录的，监理工程师或总监理工程师应在相应文件上签字。

（3）经工程师验收后，应当将旁站监理记录存档备查。

（4）签字及盖章必须齐全，不得代签和加盖手工艺章，不签字无效。

3.2.1.9　监理月报

监理月报是在工程施工过程中监理单位就工程实施情况和监理工作定期向建设单位所作的报告。

1. 监理月报的主要内容

（1）本月工程概况。

（2）本月工程形象进度。

（3）工程进度。

1）本月实际完成情况与计划进度比较。

2）对进度完成情况及采取措施效果的分析。

（4）工程质量。

1）本月工程质量情况分析。

2）本月采取的工程质量措施及效果。

（5）工程计量与工程款支付。

1）工程量审核情况。

2）工程款审批情况及月支付情况。

3）工程款支付情况分析。

4）本月采取的措施及效果。

（6）合同其他事项的处理情况。

1）工样变更。

2）工程延期。

3）费用索赔。

（7）本月监理工作小结。

1）对本月进度、质量、工程款支付等方面情况的综合评价。

2）本月监理工作情况。

3）有关本工程的意见和建议。

4）下月监理工作的重点。

2. 编制监理月报的基本要求

（1）监理月报应真实反映工程现状和监理工作情况，做到重点突出、数据准确、语言简练，并附有必要的资料图片。

（2）监理月报报送时间由监理单位和建设单位协商确定。一般来说，监理月报的编制周期为上月 26 日到本月 25 日，在下月 5 日前发出。

（3）监理月报一般采用 A4 规格纸编写。

（4）监理月报应由项目总监理工程师组织编制，签认后报送建设单位和本监理单位。

（5）监理月报的封面由项目总监理工程师签字，并加盖监理单位公章。

3. 编写监理月报注意事项

（1）月报的内容要本着实事求是的原则真实编写，要求表达有层次，突出重点，多用数据说明，文字要简练，按提纲要求逐项编写。

（2）提纲中开列的各项内容编排顺序不得任意调换或合并；各项内容如本期未发生，应将项目照列，并注明"本期未发生"。

（3）月报中参加工程建设各方的名称作以下统一规定。

1）建设单位：不使用"业主、甲方、发包方、建设方"。

2）施工单位：不使用"乙方、承包商、承包方"；可使用"总包单位"和"分包单位"；施工单位分包的建筑队一律称"包工队"；施工单位派驻施工现场的执行机构统称"项目经理部"。

3）监理单位：不使用"监理方"；监理单位派驻施工现场的执行机构统称"项目监理部"。一般不宜单独使用"监理"一词，应具体注明所指为"监理公司"、"监理单位"、"项目监理部"、"监理人员"或者"监理工程师"。

4）设计单位：不使用"设计院"、"设计"、"设计人员"等。

（4）各种技术用语应与各种设计、标准中所用术语相同。

（5）月报底稿要求字体工整，不得潦草，使用规范的简体汉字，使用国家标准规定的计量单位符号，如 m、cm^2、t 等，不使用中文计量单位名称，如千克、吨、米、平方厘米等；文中出现的数字一律使用阿拉伯数字，如"地下 3 层"、"第 10 层"。不使用"地下三层"、"第十层"等。

（6）文稿中所用的图表及文件，要求字迹及图表线条清楚，一律使用黑色或蓝黑色墨水或黑色圆珠笔，不得使用铅笔或红蓝铅笔。各种表格的表号不得任意变动，不得自行增减栏目，也不得颠倒各栏目的排列顺序，以免打印时发生错误。

（7）各项图表填报的依据及各表格中填报的统计数字，均应由监理工程师进行实地调查或进行实际计量计算，如需施工单位提供时，也应进行审查与核对无误后自行填写，严禁将图表、表格交施工单位任何人员代为填报。

（8）各项目监理部编写的监理月报稿，应按目录顺序排列，各表格应排列至相应适当位置，并装订成册，经总监理工程师检查无误并签认后再打印。

3.2.1.10　工程质量评估报告

工程质量评估报告是监理单位对被监理工程的单位（子单位）工程施工质量进行总体评价的技术性文件。

资料要求如下。

（1）监理单位应在工程完成且于验收评定后 1 周内完成。

（2）工程质量评估报告是在被监理工程预验收后，由总监理工程师组织专业监理工程师编写。

（3）工程监理质量评估经监理单位对竣工资料及实物全面检查、验收合格后，由总监理工程师签署工程竣工报验单，并向建设单位提出质量评估报告。

（4）工程质量评估报告由总监理工程师和监理单位技术负责人签字，并加盖监理单位公章。

3.2.1.11　监理专题报告

监理专题报告是施工过程中监理单位就某项工作、某一问题、某一任务或某一事件向建设单位所作的报告。

监理专题报告应点明报告的事由和性质，主体内容应详尽地阐述发生问题的情况、原因分析、处理结果和建议。

监理专题报告由报告人、总监理工程师签字，并加盖监理单位公章。施工过程中的合同争议、违约处理等可采用监理专题报告，并附有关记录。

3.2.1.12　监理工作总结

监理工作总结是指监理单位对履行委托监理合同情况及监理工作的综合性总结。监理工作总结由总监理工程师组织监理单位有关人员编写，由项目总监理程师、监理单位负责人签字盖章，并在施工阶段监理工作结束时，由监理单位向建设单位提交。

监理工作总结的主要内容包括工程概况、勘察及设计技术文件简况、施工单位项目组织状况、建设监理现场机构设置与实际变化过程、投资、质量、进度控制与合同管理的措施与方法、材料报验和工程报验情况、监理工作情况、经验与教训、工程交付使用后的注意事项等。

3.2.2　进度控制资料

3.2.2.1　施工进度计划（调整计划）报审表

施工进度计划报审表是由施工单位根据已批准的施工总进度计划，按承包合同约定或监理工程师的要求编制的施工进度计划，报监理单位审查、确认和批准的资料。

资料说明如下。

（1）"工程施进度计划"前填写所报进度计划的时间和工程的名称。

（2）"附件"指报审的工程施工进度计划，包括编制说明、形象进度、工程量、机械、劳动力计划。

（3）"监理工程师审查意见"指对施工进度计划，主要审核其与所批准总进度计划的开、完工时间是否一致；主要工程内容是否有遗漏，各项施工计划之间是否协调；施工顺序的安排是否符合施工工艺要求；材料、设备、施工机械、劳动力、水电等生产要素供应计划能否保证进度计划的需要，供应是否均衡；对建设单位提供的施工条件的要求是否准确、合理。

（4）"总监理工程师审核意见"要求简要说明同意或不同意的原因和理由，提出建议、修改、补充的意见。

（5）本表由施工单位填报，加盖公章，项目经理签字，经专业监理工程师审查，符合要求后报总监理工程师批准后签字有效，加盖监理单位公章。

（6）施工单位提请施工进度计划报审，提供的附件应齐全真实，对任何不符合附件要求的资料，施工单位不得提请报审，监理单位不得签发报审表。

3.2.2.2　工程暂停令

工程暂停令是指施工过程中某一个或几个部位工程质量不符合标准要求的质量问题，发生了需要返工或停工处理时暂时停止施工的指令性文件，由监理单位下发。

1. 资料表式

资料表式如下。

工程暂停指令单

（监理 ［200 ］ 停   号）

工程承建单位：   合同编号：No.

致_____施工单位：	
由于本指令单所述原因，现通知贵单位于　　年　月　日　时以前对_____ _____工程项目暂停施工。 　　　　　　　　　　　　　　　　　　　签署人： 　　监理部：　　　　　　　　　　　　　签署日期：　年　月　日	
施工暂停 原因	🖋 施工单位严重违反合同规定，继续施工将对本工程造成重大的损失 🖋 违反环境保护法规 🖋 因为文物保护的原因 🖋 _____部位（工序）
引用合同 条款或 法规依据	
附 注	🖋 暂停期间，请对已完工程加强维护，直至得到复工许可 🖋 暂停期间，请抓紧采取整改措施，并及时向监理部报送，以争取早日复工 🖋 工程延误和损失费用的合同责任由承建单位承担 🖋 工程延误和损失费用另行协商 🖋 需求做好各项工作

说明：主送工程承建单位一份，抄报业主单位。

2. 资料说明如下。

（1）本表由监理单位填写、下发，办理必须及时、准确，通知内容完整，技术用语规范，文字简练明了。

（2）工程暂停令由监理工程师提出建议并经总监理工程师批准，总监理工程师应根据暂停工程的影响范围和影响程度，依据 GB 50319—2000《建设工程监理规范》，按照承包合同和委托监理合同的约定，经建设单位同意后下发。

（3）工程暂停指令监理单位必须加盖公章和总监理工程师签字，不得代签和加盖手章，不签字无效。

（4）因试验报告单不符合要求下达停工指令时，应注意在指令中说明试验编号，以备核对。

（5）表中"致____施工单位"应填写施工该工程的施工单位名称，按全称填写；"由于"后面应简明扼要地准确填写工程暂停原因；"____部位（工序）"应填写本暂停令所停工工程项目的范围。"要求做好各项工作"指工程暂停后要求施工单位所做的有关工作，如对停工工程的保护措施，针对工程质量问题的整改、预防措施等。

3.2.3　质量控制资料

3.2.3.1　施工组织设计（方案）报审表

施工组织设计（方案）报审表是施工单位根据承接工程特点编制的实施施工的方法和措施，提请监理单位批复的文件资料。

资料说明如下。

（1）施工单位提送报审的施工组织设计（方案），文件内容必须具有全面性、针对性和可操作性，编制人、单位技术负责人必须签字，报送单位必须加盖公章；施工组织设计应符合施工合同要求。

（2）本表由施工单位填报，监理单位的专业监理工程师审核，总监理工程师签发。需经建设单位同意时，应经建设单位同意后签发。

（3）如经批准的施工组织设计（方案）发生改变，监理单位要求将变更方案报送时也采用此表。

（4）表中"＿＿＿工程施工组织设计（方案）"填写相应的建设项目、单位工程、分部工程、分项工程或关键工序名称；"附件"指需要审批的施工组织总设计、单位工程施工组织设计或施工方案；"审查意见"指专业监理工程师对施工组织设计（方案）内容审查后所得出的结论；"审核意见"是由总监理工程师对专业监理工程师的审查意见进行审核确认并签字、盖章。

3.2.3.2　施工测量放线报验单

施工测量放线报验单是监理单位对施工单位的工程或部位的测量放线进行报验的确认和批复。

专业监理工程师应实地查验放线精度是否符合标准要求，施工轴线控制桩的位置、轴线和高程的控制标志是否牢靠、明显等。经审核、查验合格后，签认施工测量报验申请表。

资料说明如下。

（1）本表由施工单位填报，加盖公章，项目经理签字，经专业监理工程师初审符合要求后签字，由总监理工程师最终审核加盖监理单位公章，经总监理工程师签字后执行。

（2）施工测量报审应提送：专职测量人员岗位证书及测量设备鉴定证书、测量放线依据材料及放线成果，并认真填写工程或部位名称和放线内容。

（3）资料内必须附图时，附图应简单易懂，且能全面反映附图内容。

（4）表中内容包括以下几个方面。

1）"工程或部位的名称"指工程定位测量时填写工程名称，轴线、标高测量时填写被测项目部位名称。

2）"专职测量人员岗位证书编号"指承担这次测量放线工作的专职测量人员的岗位证书编号。

3）"测量设备鉴定证书编号"指这次放线工作所用测量设备的法定检测部门的鉴定证书编号。

4）"测量放线依据材料及放线成果"中"依据材料"指施工测量方案、建设单位提供的红线桩、水准点等材料，"放线成果"指施工单位测量放线所放出的控制线及其施工测量放线记录表。

5）"放线内容"指测量放线工作内容的名称，如轴线测量、标高测量等。

6）"备注"内容应为施工测量放线使用测量仪器的名称、型号、编号。

7）"专业监理工程师审查意见"由专业监理工程师先行审查，填写审查意见和审查日期，并签字。

3.2.3.3　工程材料/构配件/设备报验表

工程材料/构配件/设备报验表是施工单位对拟进场的主要工程材料、构配件、设备，在自检、复试、测试合格后报监理单位进行进场验收，并将复试结果及出厂质量证明文件作为附件报监理单位审核、确认，进而给予批复的文件。

资料说明如下。

（1）本表由施工单位填报，由监理单位审查。报验表内的施工单位、监理单位均盖公章，不盖章无效。以专业监理工程师签字有效，不盖章、监理工程师不签字无效。

（2）表中内容包括以下几个方面。

1）"工程名称"指报验的材料、构配件、设备拟用于的单位工程名称。

2）"拟用于部位"指工程材料、构配件、设备拟用于工程的具体部位。

3）"数量清单"按表列括号内容用表格形式按单位工程需用量填报。

4）"质量证明文件"指生产单位提供的证明工程材料/构配件/设备质量的证明资料。

5）"自检结果"指施工单位的进场验收记录、复试报告和监理单位见证取样证明。

6）"审查意见"需专业监理工程师经对所报资料审查，与进场实物核对和观感质量验收，全部符合要求的，将"不符合"、"不准许"、"不同意"用横线划掉；否则，将"符合"、"准许"、"同意"用横线划掉，并指出不符合要求之处。

3.2.3.4　工程报验单

工程报验单是监理单位对施工单位自检合格后报验的检验批、分项工程、分部（子分部）工程报验的处理确认和批复。

资料说明如下。

（1）本表由施工单位填报，加盖公章，项目经理签字，经专业监理工程师初审符合要求后签字，由总监理工程师最终审核加盖监理单位公章，经总监理工程师签字后执行。

（2）表列附件的材料必须齐全真实，对任何不符合报验条件的工程项目，施工单位不得提请报审监理单位，不得签发报审表。

（3）资料内必须附图，附图应简单易懂，且能全面反映附图质量。

（4）本表是分项、分部（子分部）工程的报验通用表。报验时应按实际完成的工程名称填写。

（5）用于施工放样报验申请时，应附有施工单位的施工放样成果。

（6）表中"审查意见"是由监理单位对所报分项、分部（子分部）工程进行认真核查，确认资料是否齐全、填报是否符合要求，并根据现场实际检查情况按表式项目签署审查意见，分部工程由总监理工程师组织验收并签署验收意见。

3.2.3.5　工程竣工预验报验单

工程竣工预验报验单是施工单位向建设单位和监理单位提请，当工程项目确已具备了交工条件后对该工程项目进行初验的申请。

总监理工程师组织项目监理人员根据有关规定与施工单位共同对工程进行检查验收，合格后总监理工程师签署《工程竣工预验报验单》并及时报告建设单位，编写《工程质量评估报告》。

资料说明如下。

（1）检验批及分项、分部工程数量必须齐全，企业技术负责人对单位工程已组织有关人员进行了验收，并达到合格以上标准。据此，施工单位根据初验结果向建设、监理单位提请预验。

（2）本表由施工单位填报，监理单位的总监理工程师审查并签发。

（3）施工单位提交的工程竣工预验收报验的附件内容，保证工程技术资料必须齐全、真实。施工单位加盖公章，项目经理必须签字。

（4）表中内容包括以下几个方面。

1）"工程项目"指施工合同签订的达到竣工要求的工程名称。

2）"附件"指用于证明工程按合同约定完成并符合竣工验收要求的全部竣工资料。

3）"审查意见"由总监理工程师组织专业监理工程师按现行的单位（子单位）工程竣工验收的有关规定逐项进行核查，并对工程质量进行预验收，根据核查和预验收结果，将"未全部"、"不完整"、"不符合"或"全部"、"完整"、"符合"用横线划掉；全部符合要求的，将"不合格"、"不可以"用横线划掉。否则，将"合格"、"可以"用横线划掉，并在说明栏中向施工单位列出符合、不符合项目的理由和要求。

3.2.3.6　工程质量事故报告单

当施工过程中发生了工程质量问题（事故）时，施工单位应及时向监理单位报告，并就工程质量的有关情况填写本报告用表。

1.　资料表式

资料表式如下。

工 程 事 故 报 告 单

工程承建单位：　　　　　　　　　　　　　　　　　　合同编号：No.

致中南院监理部： 　　　年 月 日 时，在_____发生_____ 事故，将现场发生情况报告如下，待调查成果出来后，再另行作详细情况报告。 　　报告单位：　　　　　　　　　　　　　　　报告人： 　　　　　　　　　　　　　　　　　　　　　　申报日期：　　年 月 日	
事故 简要 过程	

事故类型	✐ 交通事故	✐ 人身伤害事故	
	✐ 工程质量事故	✐ 机械设备事故	
事故等级	✐ 一般事故	✐ 较大事故	
	✐ 重大事故	✐ 特大事故	
损失情况	✐ 重伤_____人，死亡_____人。		
	✐ 直接经济损失_____万元。		
应急措施			
初步处理意见		监理部签收记录	监理部： 签收人： 签收时间：　　年　月　日

说明：一式五份报监理部，签收后返回申报单位二份。

2. 资料说明

（1）本表由施工单位填报，项目经理签字。

（2）事故内容及处理方法应填写具体、清楚。

（3）注明质量事故日期及处理日期。

（4）有当事人及有关领导的签字。

3.2.3.7　工程质量事故处理方案报审表

工程质量事故处理方案报审是施工单位在对工程质量事故详细调查、研究的基础上，提出处理方案后报监理单位的审查、确认和批复。

资料要求如下。

（1）本表由施工单位填报，由设计单位提出意见，总监理工程师审查同意后签署批复意见，施工单位、设计单位、监理单位均必须盖公章，不盖章无效。

（2）监理单位应对处理方案的实施进行检查监督，对处理结果进行验收。

3.2.3.8　工程质量整改通知

工程质量整改通知是指分项工程未达到质量检验评定要求，已经检查发现时，在下达《监理通知》两次后，施工单位未按时限要求改正或不按专业监理工程师下达的《监理通知》要求改正时，由监理单位下达文件。

资料要求如下。

（1）工程质量整改通知必须及时发出，整改内容齐全，问题提出准确，技术用语规范，文字简洁清晰。

（2）工程质量整改通知必须由监理单位加盖公章，经专业监理工程师签字，总监理工程师审核同意签字后发出，不得代签和加盖手章，不签字无效。

（3）该表不适用于分部工程。分部工程是不能返修加固的，因为一个分部工程不仅涉及一个分项，而是涉及若干个分项，分部工程若允许返修，质量将难以控制。

3.2.3.9　工程变更单

工程变更单是在施工过程中，建设单位、施工单位提出工程变更要求，报监理单位审核确认的用表。

资料说明如下。

（1）本表由提出单位填写，经建设、设计、监理、施工等单位协商同意并签字后为有效工程变更单。

（2）工程变更单、设计变更单必须经建设单位同意，由设计单位出具设计变更通知；洽商变更必须经建设、监理、施工三方签章，否则为不符合要求。

（3）表中内容。"原因"是指引发工程变更的原因；"提出____工程变更"栏填写要求工程变更的部位和变更项目；"附件"应包括工程变更的详细内容、变更的依据、工程变更对工程各方面的影响等；"提出单位"指提出工程变更的单位；"审查意见"指监理单位经与有关方协商达成的一致意见。

3.2.3.10　混凝土浇灌申请书

施工单位在做好各项准备工作，具备浇灌混凝土之前应填写《混凝土浇灌申请书》，报送监理单位核查签发。

监理单位应认真核查混凝土浇灌的各项准备工作是否符合要求，并组织相关专业的施工人员共同核验。当全部符合要求并具备浇灌混凝土的条件时，签发《混凝土浇灌申请书》，要求相关专业的施工负责人也要会签。

资料说明如下。

（1）本表由施工单位填写，报送监理单位核查签发，监理单位签字盖章有效。

（2）表中内容包括以下几个方面：

1）"施工依据"栏填写依据的施工图纸及设计变更文件的编号；"技术要求"栏填写合同约定的对混凝土的技术要求。

2）"混凝土搅拌方式和输送形式"栏应在相应栏内打"√"。

3）"材料质量认证"栏应填写《材料/构配件设备报验单》的编号。

4）"钢筋、模板、预留（埋）件验收"栏应填写相关《____工程检验批质量验收记录》的编号。

5）"施工会签"栏由混凝土浇灌施工时各参与部门负责人签字。

6）"施工单位"栏由施工项目负责人和质检员签字以示负责，加盖项目机构公章。

7）"会签"栏由相关专业，如土建、电气、管道、设备安装等施工负责人核验并签字。

3.2.3.11　监理抽检记录

当监理工程师对施工质量或材料、设备、工艺等有怀疑时，可以随时进行抽检，并填写《监理抽检记录》。监理在抽检过程中如发现工程质量有不合格项，应填写《工程质量整改通知单》，通知施工单位进行整改并进行复检，直到合格为止。

3.2.3.12　施工试验见证取样汇总表

本表为监理单位的见证人员在见证试验完成，各试验项目的试验报告齐全后，分类收集、汇总整理时填写的资料。

有见证取样和送检的各项目，凡未按规定送检或送检次数达不到要求的，其工程质量应由有相应资质等级的检测单位进行检测确定。

3.2.3.13 检验批、分项工程质量验收抽验记录表

监理工程师监理过程中对工程质量有怀疑时，可以随时进行抽验，并填写《检验批、分项工程施工质量验收记录》。监理工程师对检验批、分项工程质量验收抽查记录可以作为监理工程师对检验批、分项工程质量验收和要求工程质量整改的依据。

3.2.4 投资控制资料

3.2.4.1 工程款支付申请表

工程款支付申请是施工单位根据监理单位对施工单位自验合格后且经监理机构验收合格的工程量计算应收的工程款的申请。

资料说明如下。

（1）工程款支付申请由施工单位填报，施工单位提请工程款支付申请时，提供的附件（工程量清单、计算方法）必须齐全、真实。

（2）工程款支付申请施工单位必须盖章并由项目经理签字。

（3）施工单位统计报送的工程量必须是经专业监理工程师质量验收合格的工程，才能按施工合同的约定填报工程量清单和工程款支付申请表。

（4）施工单位报送的工程量清单和工程款支付申请表，专业监理工程师必须按施工合同的约定进行现场计量复核，并报总监理工程师审定。

（5）总监理工程师指定专业监理工程师对工程款支付申请中包括合同内工作量、工程变更增减费用、经批准的费用索赔、应扣除的预付款、保留金及施工合同约定的其他支付费用等项目应逐项审核，并填写审查记录，提出审查意见报总监理工程师审核签认。

3.2.4.2 工程款支付证书

工程款支付证书是监理单位在收到施工单位的《工程款支付申请表》后，根据承包合同规定对已完成工程或其他与工程有关的付款事宜审查复核后签署的，用于建设单位应向施工单位支付工程款的证明文件。

资料说明如下。

（1）本表是监理单位根据施工单位提请报审的《工程款支付申请表》的审查结果填写的工程款支付证书，由总监理工程师签字并加盖监理机构公章后报建设单位。

（2）工程款支付证书的办理必须及时、准确，内容填写完整，文字简练明了。

（3）表中内容包括以下几个方面。

1）"建设单位"指施工承包合同中的发包人。

2）"施工单位申报款"指施工单位向监理机构申报《工程款支付申请表》中申报的工程款额。

3）"经审核施工单位应得款"指经专业监理工程师对施工单位向监理机构填报的《工程款支付申请表》审核后核定的工程款额，包括合同内工程款，工程变更增减费用、经批准的索赔费用等。

4）"本期应扣款"指根据承包合同的约定，本期应扣除的预付款、保留金及其他应扣

除的工程款的总和。

5) "本期应付款"指经审核施工单位应得款扣除本期应扣款的余额。

6) "施工单位的工程款支付申请表及附件"指施工单位向监理机构申报的《工程款支付申请表》及其附件。

3.2.4.3　工程变更费用报审表

工程变更费用报审表是指由于建设、设计、监理、施工任何一方提出的工程变更，经有关方确认工程数量后，计算出的工程价款提请报审、确认和批复。

资料说明如下。

(1) 本表由施工单位填报，项目经理签字，并加盖公章，由监理单位审查，专业监理工程师提出审查意见，总监理工程师签字有效，加盖监理机构公章。

(2) 施工单位提请工程变更费用报审，提供的附件应齐全真实。对任何不符合附件要求的资料，施工单位不得提请报审，监理单位不得签发报审表。

3.2.4.4　工程竣工结算审核意见书

工程竣工结算审核意见书是指总监理工程师签发的工程竣工结算文件或提出的工程竣工结算合同争议的处理意见。

工程竣工结算审查应在工程竣工报告确认后依据施工合同及有关规定进行。竣工结算审查程序应符合 GB 50319—2000《建设工程监理规范》的规定。当工程竣工结算的价款总额与建设单位和施工单位无法协商一致时，应按 GB 50319—2000《建设工程监理规范》的规定进行处理，提出工程竣工结算合同争议处理意见。

工程竣工结算审核意见书的基本内容包括以下几个方面：

(1) 合同工程价款、工程变更价款、费用索赔合计金额、依据合同规定施工单位应得的其他款项。

(2) 工程竣工结算的价款总额。

(3) 建设单位已支付工程款、建设单位向施工单位的费用索赔合计金额、质量保修金额、依据合同规定应扣施工单位的其他款项。

(4) 建设单位应支付金额。

3.2.5　合同管理资料

3.2.5.1　工程临时延期报审表

工程临时延期报审表是指监理单位依据施工单位提请报审的工程临时延期的确认和批复。

资料说明如下。

(1) 本表由施工单位填报，加盖公章，项目经理签字，经专业监理工程师初审符合要求后，由总监理工程师最终审核加盖监理单位章，经总监理工程师签字后执行。

(2) 施工单位提请工程临时延期报审时，提供的附件包括工程延期的依据及工期计算、合同竣工日期、申请延长竣工日期、索赔金额的计算。证明材料应齐全真实，对任何不符合附件要求的资料，施工单位不得提请报审，监理单位不得签发报审表。

(3) 表中主要内容包括以下几个方面：

1) "根据施工合同条款____条的规定"填写提出工期索赔所依据的施工合同条目。

2)"由于____原因"填写导致工期拖延的事件。

3)"工期延期的依据及工期计算"指索赔所依据的施工合同条款、导致工程延期事件的事实、工程拖延的计算方式及过程。

4)"合同竣工日期"指建设单位与施工单位签订的施工合同中确定的竣工日期或已最终批准的竣工日期。

5)"申请延长竣工日期"指"合同竣工日期"加上本次申请延长工期后的竣工日期。

6)"证明材料"指导致工程延期的原因、计算依据等有关证明文件。

7)"审查意见"指专业监理工程师对所报资料进行审查,与监理同期记录进行核对、计算,并将审查情况报告总监理工程师。总监理工程师同意临时延期时,在暂时同意工期延长前"□"内划"√",延期天数按核实天数;否则,在不同意延长工期前"□"内划"√"。其中,"使竣工日期"指"合同竣工日期";"延迟到的竣工日期"指"合同竣工日期"加上暂时同意延期天数后的日期。

8)"说明"指总监理工程师同意或不同意工程临时延期的理由和依据。

3.2.5.2 费用索赔报审表

费用索赔报审表是施工单位向建设单位提出费用索赔的报审提请项目监理机构审查、确认和批复的资料。总监理工程师应在施工合同约定的期限内签发《费用索赔报审表》。

资料说明如下。

(1)施工单位提请报审费用索赔提供的附件:索赔的详细理由及经过、索赔金额的计算、证明材料必须齐全真实,对任何形式的不符合费用索赔的内容,施工单位不得提出申请。

(2)施工单位必须加盖公章,项目经理签字;监理单位必须加盖公章,总监理工程师、专业监理工程师分别签字。

(3)本表由施工单位填报,监理单位的总监理工程师签发。

(4)表中主要内容包括以下几个方面。

1)"根据施工合同条款____条的规定"填写提出费用索赔所依据的施工合同条目。

2)"由于____的原因"填写导致费用索赔的事件。

3)"索赔的详细理由及经过"指索赔事件造成施工单位直接经济损失,索赔事件是由于非施工单位的责任发生的详细理由及事件经过。

4)"索赔金额的计算"指索赔金额计算书。

5)"证明材料"指上述两项所需的各种凭证。

6)"审查意见"由专业监理工程师对所报资料进行审查,与监理同期记录核对、计算,并将审查情况报告总监理工程师。不满足索赔条件的,总监理工程师在不同意此项索赔前"□"内划"√";满足索赔条件的,总监理工程师应分别与建设单位、施工单位协商,达成一致或总监理工程师公正地自主决定后,在同意此项索赔前"□"内划"√",并填写商定(或自主决定)的金额。

7)"同意/不同意索赔的理由"指总监理工程师同意、部分同意或不同意索赔的理由和依据。

3.2.5.3　工程最终延期审批表

工程最终延期审批表是在影响工期事件全部结束后，监理单位在详细研究并评审影响工期的全部事件及其对工程总工期影响的基础上，批准施工单位最终有效延期时间的资料。

资料说明如下。

（1）工程最终延期审批监理单位必须加盖公章，经专业监理工程师签字，总监理工程师审核同意签字后发出，不得代签和加盖手章，不签字无效。

（2）本表由监理单位填写，总监理工程师或专业监理工程师签字后下发。

（3）表中主要内容包括以下几个方面：

1）"根据施工合同条款__条的规定，我方对你方提出的____工程延期申请……"分别填写处理本次延长期所依据的施工合同条目和施工单位申请延长工期的原因。

2）"第____"填写施工单位提出的最后一个（工程临时延期撤审表）编号。

3）若不符合承包合同约定的工程延期条款或计算不影响最终工期，监理单位在不同意延长工期前"□"内划"√"，需延长工期时在同意延长工期前"□"内划"√"。

4）同意工期延长的日历天数为由于影响工期事件原因使最终工期延长的总天数。

5）原竣工日期指承包合同签订的工程竣工日期或已批准修改的竣工日期。

思　考　题

1．施工阶段监理文件主要包括哪些？

2．施工监理管理文件包括哪些？

3．施工监理工作记录包括哪些？

4．监理验收文件有哪些？

5．进度控制资料有哪些？

6．质量控制资料有哪些？

7．质量事故处理方案报审表的内容是什么？

8．投资控制资料有哪些？

模块 4 水利工程竣工验收文件的资料整编

任务 4.1 水利工程竣工验收文件的形成与收集

学习目标

知识目标：能陈述竣工资料的内容与形成的途径，能说出竣工资料收集方法。

能力目标：能有效收集竣工资料。

竣工验收文件是建设工程竣工验收活动中形成的文件，工程竣工验收工作流程及形成的竣工文件。竣工验收文件包括工程竣工验收时形成的文件和工程竣工验收备案时所提交的文件。一般来说工程竣工验收形成的文件，包括施工单位形成的工程竣工验收时必备的各种技术成果文件，和竣工验收工作中产生的验收文件。工程竣工验收备案文件是工程竣工验收合格后，建设单位向质量监督部门进行工程竣工备案时所提交的文件，一般是由建设单位按规定要求汇集而成。竣工验收文件可具体划分成工程竣工验收文件、竣工备案文件、竣工决算文件和其他文件 4 部分。

4.1.1 工程竣工验收文件

建设工程项目或单位工程施工完成后，施工单位应在自行组织相关人员对建设工程进行全面施工质量检查和评定的基础上，编写建设工程竣工报告报建设单位申请工程竣工验收。建设单位收到建设工程竣工报告后，在规定时限内，组织设计、施工（包括分包）、监理等单位进行建设项目或单位工程竣工验收。建设工程竣工验收须达到竣工验收应具备的条件，包括有合乎规定的工程档案和施工管理资料。

4.1.1.1 建设工程竣工验收条件和建设工程竣工文件

建设工程竣工验收条件是依据《建设工程质量管理条例》中规定应具备的条件，以及施工报告、质量监督报告等应具备的验收文件。

1. 建设工程竣工验收应具备的条件

（1）完成建设工程设计和合同约定的各项内容。

（2）有完整的技术档案和施工管理资料。

（3）有工程使用的主要建筑材料、建筑构配件和设备的进场试验报告。

（4）有勘察、设计、施工、工程监理等单位分别签署的质量合格文件。

（5）有施工单位签署的工程保修书。

竣工验收条件中应具备的各项内容是竣工验收的先决条件，其中有关技术档案、施工管理资料等绝大部分已经在建设过程中形成，应及时认真收集和整理，尤其是勘察、设计、施工、监理等单位形成或签署的与工程质量有关的文件，还有为竣工验收专门形成的文件，如建设工程竣工施工报告、工程质量监督报告、有关部门的认可文件等。

2. 建设工程竣工施工报告

建设工程竣工施工报告是工程竣工验收时应具备的基本文件，它是施工单位在工程竣工验收前就工程的施工情况编写的较为详细和完整的工程施工总结，其主要内容如下：

（1）工程概况及施工任务完成情况：承包工程的基本情况、施工队伍基本情况、工作任务和实际完成的工程量。

（2）施工承包单位的自评工程质量情况：施工单位按承包的工程任务分项、分专业自评和打分，自评整体工程施工质量。

（3）施工技术文件和施工管理文件情况：将各种工程文件按有关规范规定完成收集、整理、立卷。

（4）主要设备安装、调试情况和调试结果。

（5）有关工程质量检测项目的检测情况和检测结果。

（6）建设行政主管部门、工程质量监督机构等在施工过程中提出的责令修改的问题及整改情况。

3. 工程质量监督报告

工程质量监督报告是负责工程质量监督部门在建设工程竣工验收后5日内向建设工程质量监督备案部门提交的工程质量监督文件。建设工程质量监督机构应依照国家和地方有关工程质量的法律、法规和规范、标准，采用先进的科学方法和监督手段，在建设工程施工过程中对建设单位、监理单位、施工单位的质量行为进行监督。工程竣工验收合格后，质量监督部门出具工程质量监督报告。工程质量监督报告的主要内容如下：

（1）工程概况和监督任务。

（2）抽查项目和核查项目检查情况。

（3）监督部门对工程质量的评价意见，并由负责本项目质量监督的质量监督师签证。

4.1.1.2 建设工程竣工验收文件

单位工程竣工验收形成的文件应进行全面的检查、验收，主要对质量控制文件核查、安全和功能检验文件核查、主要功能抽查、观感质量检查等，形成的验收文件有单位（子单位）工程质量竣工验收记录及附表、质量控制文件核查记录、安全和功能检查文件核查及主要功能抽查记录、观感质量检查记录，以及分部工程质量验收记录。

1. 单位（子单位）工程质量竣工验收记录

单位（子单位）工程质量竣工验收记录是单位工程竣工验收的汇总文件，是对工程质量是否符合设计和规范要求做出的评价，由施工单位整理汇总，验收结论由监理（建设）单位做出，综合验收结论由参加验收各方商定，建设单位填写。验收记录主要内容如下：

（1）基本情况。工程名称、结构类型、建筑面积、开竣工时间以及施工单位及技术负责人、监理单位项目监理部及技术负责人。

（2）检查项目的验收记录和验收结论。检查的项目有分部工程检查，质量控制资料核查，安全和主要使用功能核查及抽查结果，观感质量检查。

（3）综合验收结论。

（4）参加验收单位和负责人签证（建设、监理、施工、设计等单位）。

2．单位（子单位）工程质量控制资料核查记录

单位（子单位）工程质量控制资料核查记录是施工单位整理形成的对施工质量控制文件的汇集记录，在建设工程竣工验收时进行核查。其核查记录的主要内容如下：

（1）施工单位依据分部工程列出质量控制文件的名称和资料份数。

（2）验收人员填写核查意见并签字。

（3）核查结论，一般由监理（建设）单位总监理工程师（项目负责人）提出，与施工单位项目经理共同签署。

3．单位（子单位）工程安全和功能检验资料核查及主要功能抽查记录

单位（子单位）工程安全和功能检验资料核查及主要功能抽查记录是关于工程安全和功能方面的文件核查和主要功能抽查记录，由施工单位按检查项目进行整理，在工程竣工验收时由竣工验收人员抽查。其抽查记录的主要内容如下：

（1）施工单位按分部工程列出安全和功能检查项目和资料份数。

（2）由验收人员确定核（抽）查项目并进行核（抽）查，提出核（抽）查结果和核（抽）查意见并签证。

（3）结论，一般由监理（建设）单位总监理工程师（项目负责人）提出是否符合要求的结论，并与施工单位项目经理共同签署。

4．单位（子单位）工程观感质量检查记录

单位（子单位）工程观感质量检查记录是验收人员在施工现场对工程外观质量抽查的记录，而抽查的位置和项目在现场确定。根据分部工程将抽查的项目列表，由验收人员逐项抽查并做出质量评价。单位（子单位）工程观感质量检查记录的主要内容如下：

（1）按分部工程列出检查项目。

（2）按检查项目由施工单位如实填写抽查质量状况，并由验收人员做出质量评价（分好、一般和差）。

（3）质量综合评价，由验收人员根据抽查情况做出综合评价。

（4）检查结论。一般由监理（建设）单位提出是否符合质量要求的意见，由监理（建设）单位监理工程师（项目负责人）和施工单位项目经理共同签署。

应注意的是质量评价为差的项目，须进行返修。

5．分部（子部分）工程验收记录

分部（子部分）工程验收记录是分部工程中分项工程验收结果汇集后整理的记录，在分部工程验收时已经形成。

4.1.2　工程竣工备案文件

建设单位应当在工程竣工验收后 15 日内，将建设工程竣工验收报告和规划、公安、消防、环保等部门出具的认可文件或者准许使用文件报建设行政主管部门（以下简称备案机关）备案。工程竣工备案是单位工程竣工验收工作最后一道工序，备案后工程便可投入使用。工程竣工备案文件是由建设单位编制和汇集的，包括工程竣工验收备案表，工程竣工验收报告，规划、公安消防、环保、人防、工程档案等部门出具的认可文件（或准许使用文件），工程质量保修书、住宅质量保证书、住宅使用说明书等法规、规章、以及相关规定中必须提供的文件。如备案机关发现建设单位在工程竣工验收过程中，有违反国家有

关建设工程质量管理规定行为的，应当在收讫竣工验收备案文件 15 日内，责令停止使用，重新组织竣工验收。

4.1.2.1　工程竣工验收备案表

工程竣工验收备案表是建设单位在工程竣工验收合格后负责填报，并经备案机关审验形成的制式表格。其备案表的主要内容如下。

1. 建设单位填报的内容

（1）建设工程概况。工程名称、工程地址、工程规模（建设面积和造价）、工程类别、结构形式、规划、施工许可证号、监督注册号等。

（2）参与工程建设的单位及负责人。包括建设单位、勘察单位、设计单位、施工单位、监理单位、监督部门的名称和负责人。

（3）备案理由。建设单位请求工程竣工备案的理由和证明材料，由建设单位盖章，负责人签字。

（4）竣工验收意见。由勘察单位、设计单位、施工单位、监理单位、建设单位分别签署竣工验收意见，各单位盖章、负责人签字。

（5）竣工验收备案文件清单。文件清单按项目名称、文件名称、内容、数量、检查验证情况填写。

2. 备案机关审验

（1）备案意见。备案机关收到竣工验收备案表和备案文件，验证齐全后在工程竣工验收备案表上签署备案文件收讫章和备案专用公章，经办人、负责人签字。

（2）备案处理意见。备案机关依据工程竣工备案的法规文件，对工程质量监督报告和其他工程竣工文件、工程存在问题和解决方案等进行检验，做出是否同意备案。备案机关的审验工作应在 15 日内完成，并答复建设单位，超过 15 日不答复视同已同意备案。

4.1.2.2　工程竣工验收报告

工程竣工验收报告是建设单位编写的对工程竣工验收活动的总结，也是向建设行政主管部门、备案机关和其他有关部门报告工程竣工的备查文件，其报告的主要内容如下：

（1）建设工程概况。

（2）建设单位执行基本建设程序情况。

（3）对工程勘察、设计、施工、监理等方面的评价意见，合同内容执行情况。

（4）工程竣工验收时间、验收程序、内容和组织形式。

（5）工程竣工验收意见（对工程质量的总体评价）。

（6）工程遗留问题、经验和教训。

工程竣工验收报告编制完成后，应由建设、监理、设计、施工等单位签署意见并盖章、单位负责人签字。

4.1.2.3　认可文件

目前，认可文件或准许使用证明文件指政府有关部门对规划、公安消防、环保等专项业务验收形成的文件，包括规划认可文件、公安消防认可文件、环保认可文件、工程档案认可文件、人防工程认可文件、电梯安全使用许可证等。

1. 规划认可文件

规划认可文件是城市规划管理部门对建设工程按审批的规划条件完成情况进行规划验收，经核查后出具的文件。规划验收往往在工程竣工验收后进行，在工程备案时尚未形成，一般采取由规划管理部门专门对建设工程是否违反规划进行专项审核和处理。北京市规划验收由市规划委员会执法大队执行，并形成规划验收认可文件。其主要内容如下：

（1）工程规划概况。

（2）规划验收记录。

（3）规划验收意见（包括违法处理意见）。

（4）批准单位及主管人员盖章和签字。

2. 公安消防认可文件

公安消防认可文件是城市公安消防管理部门，根据国家和本城市对建设工程的消防安全规定和工程设计提出的消防要求，对建设工程消防设施检查验收后出具的验收文件（或者意见书）。对于消防安全要求，建筑安装工程和市政公用设施工程都是要通过严格检查达标的。检查工作在建设单位主持下，公安消防部门和有关部门参加，检查后由公安消防部门出具公安消防验收认可文件。其主要内容如下：

（1）工程基本情况和公安消防设计要求。

（2）公安消防验收记录。

（3）公安消防部门的验收意见。

（4）建设单位、施工单位、消防部门盖章、验收人签字。

（5）消防部门的批准文号及批准人签字。

消防验收后须将验收意见上报给公安消防主管部门，并由主管部门审查批准。

3. 环保认可文件

环保认可文件是城市环境保护管理部门就本工程运行后可能对城市环境造成的危害和应采取的保护措施进行验收后出具的文件或意见书。对不同性质的建（构）筑物的要求各不相同，因此在工程设计时，应特别重视对环境影响进行保护设计，并要得到环保部门的审核同意。工程竣工后应对环境保护项目进行检查验收，一般建设单位组织，环保部门和有关单位参加，验收后，由环保部门出具环境保护验收合格证。其合格证的主要内容如下：

（1）建设单位（或委托有编制资格的单位）在调查研究的基础上，编制建设工程对环境影响的关于工程环境影响报告书和其他有关文件。

（2）环境保护管理部门对关于工程环境影响报告书的批复。

（3）工程竣工验收时，环境保护管理部门对建设工程环境保护问题进行验收，提出审查意见，并颁发环境保护验收合格证。

4. 工程档案认可文件

工程档案认可文件是建设工程建设过程中，对有保存价值的工程文件由建设单位负责收集、整理、归档，工程竣工验收前根据工程文件归档整理有关规定、规范要求接受城建档案管理部门专门预验收后出具的工程档案验收意见书或工程档案认可文件。工程档案验收意见书或工程档案认可文件的主要内容如下：

（1）建设工程基本情况。

（2）工程档案基本情况。档案内容、整理、立卷状况。

（3）城建档案管理部门验收意见。

（4）建设单位和城建档案管理部门签章。

5. 人防工程认可文件

凡是有地下人防设施的各建设工程，在工程竣工备案前应由人民防空工程管理部门进行人防工程竣工验收检查，并出具人防工程认可文件。人防工程认可书是由建设单位组织，人防工程主管部门和其他有关部门参加，对人防工程进行专项验收，验收合格后，人防工程主管部门出具的文件。人防工程认可书的主要内容如下：

（1）工程基本情况。建设工程情况和人防工程情况。

（2）检查内容。审批手续、施工图、人防工程图、人防设施（设备）、临战转换设施等文件和施工质量。

（3）人防工程检查意见。

（4）参加检查的人防部门和人员签章。

6. 电梯安全使用许可证

电梯工程竣工后，使用前要进行安全检查，由主管部门颁发电梯使用许可证。电梯安全使用许可证是城市劳动主管部门对电梯安装情况检查审核后核发的允许使用的证明文件，其主要内容如下：

（1）电梯基本情况。

（2）电梯安装基本情况。

（3）检验结论。

（4）颁发单位盖章。

4.1.2.4 保修文件

建设工程保修文件是工程建设竣工后，施工单位与建设单位之间签订的工程保修协议。主要包括建设工程质量保修书、住宅质量保证书和住宅使用说明书。

1. 建设工程质量保修书

建设工程质量保修书是建设单位与施工单位，在工程竣工验收后为工程保修签订的质量保修的合约，在保修期内出现的质量缺陷予以修复。凡工程质量不符合工程建设强制性标准，以及合同的约定，均为质量缺陷，在合同期内，施工单位应当履行保修义务。建设工程质量保修范围不但是建筑安装工程、市政基础设施工程，还包括装饰、装修等工程。健全完善的工程保修制度，对于促进施工承包方加强质量管理，保护用户及消费者的合法权益可起到重要的保证作用。建设工程质量保修书的主要内容如下：

（1）保修项目的内容及范围。

（2）保修期。

（3）保修责任和保修金支付方法。

2. 住宅质量保证书

住宅质量保证书是建设单位（房地产开发企业）对销售的住宅承担质量责任的法律文件，也是为了保障住房消费者的利益，加强住宅售后服务质量和水平而实行的一种制度。

住宅质量保证书的内容如下：

（1）工程质量监督部门检验的质量等级。

（2）地基与基础、主体结构在合理使用寿命年限内承担保修责任。

（3）正常使用情况下各部位、部件保修内容和保修期。

（4）用户报修时的责任单位、答复和处理的时限等。

3. 住宅使用说明书

住宅使用说明书是建设（开发）单位对住户使用住宅时应负责提供的提示，如对住宅的结构、性能，以及各部位（部件）的类型、性能、标准等作出说明等。住宅使用说明书的主要内容如下：

（1）建设（开发）单位、设计单位、施工单位和监理单位名称。

（2）结构类型、承重墙、保温墙、防水层、阳台等部位使用注意事项的说明。

（3）装饰装修注意事项，门窗类型，使用注意事项。

（4）上水、下水、电气、燃气、热力、通信、消防等设施配置说明。

（5）有关设备、设施安装预留位置的说明和安装注意事项。

（6）配电负荷。

（7）其他需要说明的问题。

4.1.3　工程竣工财务文件

建设工程竣工财务文件是关于财务、财产等方面的竣工验收应具备的文件，包括工程决算、交付使用固定资产清单等。

4.1.3.1　工程决算

工程决算是建设单位在建设工程竣工后遵照国家有关财务规定，按实际发生的经济收支情况编写的财务文件。工程决算也是反映基本建设投资完成、投资效果和资金结余的重要手段，是考核建设工程概、预算和建设投资计划执行情况，分析投资效果的依据，是向使用单位办理新增国有资产和流动资产的依据。工程决算由建设项目决算报表和竣工决算编制说明书两部分组成，一般由建设单位或施工单位或合同双方形成。

1. 建设项目决算报表

大、中型项目决算报表有竣工工程概况表、竣工财务决算表、交付使用财产表、交付使用财产明细表，小型工程可以简化为竣工财务决算表和交付使用财产明细表。

（1）竣工工程概况表。建设项目竣工工程概况表是建设工程基本情况报表，主要内容为工程概况、设计概算等计划数据、完成的主要工作量、建设成本、主要材料消耗，主要经济技术指标、收尾工程（遗留工程），以及新增生产能力和固定资产的价值。

（2）竣工财务决算表。建设项目竣工财务决算表是建设项目建设资金来源和资金使用情况的报表，主要有从开工到竣工的全部资金来源和资金的使用，资金来源如预算和其他拨款、基建投入、专项资金、外资等，资金的使用包括全部支出，如建设成果交付使用应付资金，已经支出但不构成交付使用财产的资金，结余的财产和物质等。

（3）交付使用财产表。建设项目交付使用财产表是固定资产和流动资产的总和，主要包括建设工程的建安费用、设备费用和其他费用、流动资产金额。建设项目交付使用财产表由资金支付单位填写，接收单位审核无误后，支付和接收双方单位盖公章后生效。

（4）交付使用财产明细表。建设项目交付使用财产明细表是建设工程和设备、器具等设施的清单。建设项目按单位工程列出建设工程的结构类型、建设面积和造价，建设工程中使用的设备、工具、器具、家具等的规格、型号、数量、价值及其安装费用。建设项目交付使用财产明细表由交付单位填写，建设单位、交付单位、接收单位核实后盖公章有效。

2．建设项目竣工决算编制说明书

建设项目竣工决算编制说明书是对建设项目决算报表进行补充说明的文件，主要内容包括：

（1）工程概况。

（2）资金来源和使用情况。

（3）对概算、预算、决算进行对比分析，说明资金使用的执行情况。

（4）各项经济技术指标完成情况及分析。

（5）结余的设备、材料和资金的处理意见，遗留问题的处理意见。

（6）财务管理工作的经验，以及存在的主要问题和解决措施。

4.1.3.2　交付使用固定资产清单

建设项目固定资产交付使用是国家投资的建设工程项目必须办理的手续，由建设项目交付使用财产表和建设项目交付使用财产明细表组成，详见上述工程决算建设项目决算报表中的建设项目交付使用财产表和建设项目交付使用财产明细表。

4.1.4　其他竣工文件

为了满足工程档案存档要求，在建设工程竣工验收文件中还应有能反映工程建设全过程的其他文件材料，如工程竣工总结、建设工程概况表，以及不同形式（载体）的材料，包括工程照片、录音录像材料和模型、实物等。

4.1.4.1　工程竣工总结

工程竣工总结是建设工程竣工后由建设单位负责编写的一个综合性报告，全面而简要地记述工程建设的全过程。工程竣工总结内容可根据工程重要性、规模、专业特点、特殊性等有所不同。工程竣工总结的形式一般分两种情况：第一种情况，凡组织国家或省、市级工程竣工验收会的工程，验收会（包括预验收会）文件汇总后，可作为《工程竣工总结》归档，不再另行编制。工程竣工验收会文件主要包括工程建设报告、工程设计报告、工程施工报告、工程监理报告、工程决算报告、工程档案编制报告和验收委员会成员签发的验收鉴定书、验收委员会成员名单，以及在验收会上有关人员、领导的讲话等。第二种情况，凡未组织国家或省、市级工程竣工验收会的工程，包括组织验收会的建设项目中的单位工程，均要编写工程竣工总结。工程竣工总结的基本内容如下。

1．工程概况

（1）工程立项的依据和建设目的、意义。

（2）工程性质、类别、规模、标准，工程所处地理位置或桩号（坐标）、工程量、工程概算、预算、决算等。

（3）工程产权归属，管理体制及资金筹措。

（4）工程勘察、设计、施工、监理、设备和重要原材料采购招、投标情况。

（5）改扩建工程与原工程的关系。

2．工程设计

（1）设计单位名称及设计资质、设计人员及配备情况，如工程设计有几个设计单位参加，要写明所有参加单位基本情况。

（2）设计内容，按参加的设计单位分别列出所承担的设计任务、完成情况、施工图审查意见以及设计质量评价。

（3）工程设计的新思想和特点。在工程设计中有什么新的设计思想，采用了哪些新的设计方法、工艺和使用了哪些新的建筑材料、设备，设计有哪些设计特点和有突出特色的建筑风格等。

3．工程施工

（1）工程开、竣工日期，工程竣工验收日期。

（2）施工组织情况、主要技术措施。

（3）施工单位相互协调情况（如总包和分包之间、各专业队之间等）。

（4）使用新的施工方法情况。

（5）按施工单位分别列出其施工项目、工作量、完成情况及施工质量。

（6）其他配套工程，如建筑工程的室外工程、园林、绿化、环保等施工情况。

4．工程监理

（1）监理工作组织情况。

（2）监理工作基本情况，按监理单位分别列出其监理项目、监理工作完成情况及监理工作评价。

（3）监理控制效果及其分析。

5．工程质量评价

（1）工程质量事故及处理情况。

（2）工程质量鉴定评价意见（包括规划、消防、环保、人防、技术监督等方面的评价）。

（3）工程遗留问题及其处理意见。

6．经验和教训

（1）工程设计、施工、监理和建设方面的经验。

（2）工程设计、施工、监理和建设方面存在的问题和教训。

7．其他需要说明的问题

上述没有包括的内容，需要强调说明的问题等写在此项中。

4.1.4.2　建设工程概况表

建设工程概况表是工程档案编制完成后，由建设单位对建设工程基本情况和工程文件归档情况填报的表格，为工程档案信息的利用提供方便。建设工程概况表根据工程性质分为建筑安装工程、城市管（隧）道工程、城市道路工程（含广场）、城市桥梁工程（含涵洞）、市政公用厂、站工程、城市轨道交通工程（含地铁）等。

将各种建设工程项目综合分析后，建设工程概况表主要内容归纳如下：

（1）基本情况。工程名称（曾用名）、工程地址、开/竣工日期及档号（由工程档案保管单位填写）。

（2）证件及证件号。建设工程规划许可证、建设用地规划许可证、建设工程施工许可证、工程质量监督注册登记表、工程档案登记表等。

（3）参建单位。建设单位、立项批准单位、监理单位、勘察单位、设计单位、施工单位、竣工测量单位、质量监督单位等名称。

（4）工程基本技术数据。工程概算、工程预算、工程决算，以及：

1）建筑安装工程。总建筑面积、总占地面积。对于建设项目按单位工程分别填报单位工程名称、建筑面积、结构类型、建筑高度、层数（地上、地下）、人防工程等级、重要建筑物抗震等级等内容。

2）城市管（隧）道工程。按单位工程分别填报。填写单位工程名称、起止桩/井号（坐标）、管线长度、管径（断面）、管道（衬砌）材质等内容。

3）城市道路工程（含广场）。按单位工程分别填报。填写单位工程名称、长度（面积）、道路（广场）红线、类别、路面（广场）材质等内容。

4）城市桥梁工程（含涵洞）。按单位工程分别填报。填写单位工程名称、结构形式、长度、宽度（直径）、荷载等级、桥梁面积（涵洞长度）、孔数等内容。

5）市政公用厂、站工程。总占地面积、总建筑面积、生产能力，以及按单位工程分别填报单位工程名称、建筑面积、结构类型、建筑高度、层数（地上、地下）、防震等级等内容。

6）城市轨道交通工程（含地铁）。工程起点、止点；按路线分别填写路线（段）名称、客（货）运量、长度、开行列车列数等内容；按车站分别填写车站名称、建筑面积、高度、层数（地上、地下）、结构类型等内容。

（5）备注。需要说明的问题。

（6）签章。填表人、审核人及填表单位签字和盖章。

4.1.4.3 工程照片

工程照片是建设工程开工前，施工过程中和竣工后由建设单位、施工单位、监理单位拍摄的有关工程开工前原貌、竣工后新貌、建设过程中主要部位施工的照片。一般由建设单位收集、整理和立卷。

1. 工程照片的内容

（1）开工前的原貌，包括拆迁前、拆迁过程、拆迁后。

（2）开工时。开工典礼。

（3）施工过程。记录主要部位施工状况，以隐蔽工程、质量事故为重点。

（4）竣工验收。竣工验收会、现场检查等。

（5）竣工后新貌（室内、外及周边环境）。

2. 工程照片质量

（1）工程照片包括底片和样片。

（2）照片拍照的工程部位、施工工艺等说明。

（3）照片作者、拍照时间及拍摄时技术指标。

4.1.4.4　录音录像

在工程建设过程中，由建设单位、监理单位、施工单位进行现场录音和摄像，形成录音、录像材料。录音、录像材料应由建设单位收集并进行剪接、编辑、录音等后期制作，完成录音、录像材料的整理和归档。

1. 录音材料

（1）录音内容。重要会议讲话的录音，工程开工典礼、竣工验收大会的录音。

（2）依据录音带压制的光盘和整理的文字材料。

2. 录像材料

（1）录像内容。能反映工程建设全过程，包括原貌、奠基、施工过程、竣工验收、工程新貌等。

（2）编辑完成的录像材料压制成光盘，依据录像材料整理出文字材料，以及录像内容说明、摄像者和采用的录像设备、摄录时的技术指标等。

4.1.4.5　模型、实物

模型、实物也是工程档案的保管形式，应对有保存价值的工程模型和实物予以存档。

1. 模型

建设工程项目建设过程中制作的模型，有规划审批、工程设计、工程竣工后建设项目的总体模型、单位工程模型以及工程特殊部位的局部模型。

2. 实物

实物指建设工程某局部造型、使用的建筑材料、器具样品等。

任务 4.2　竣工资料整理与查验

学习目标

知识目标：能说出竣工资料整理的方法与内容。

能力目标：能正确鉴别资料的正确性与完整性。

竣工验收资料是指在工程项目竣工验收活动中形成的资料。包括工程验收总结，竣工验收记录，财务文件，声像、缩微、电子档案等。

4.2.1　工程概况表

工程概况表为工程竣工验收合格后由建设单位组织编写的工程的一般情况、结构特征等的简介。

4.2.2　工程竣工总结

1. 工程竣工施工总结

2. 设计总结

设计总结指通过对本项目设计工作的回顾，总结初步设计、施工图设计、设计服务等方面的工作成绩和经验。找出存在的问题和教训。

3. 建设管理总结

目的是通过对本项目建设管理工作的回顾，总结工程前期准备、项目合同管理、质量控制、投资控制和进度控制等方面工作的成绩和经验，找出存在的问题和教训。

工程竣工验收资料一般包括建设工程质量验收记录、竣工验收证明书、竣工验收报告、竣工验收备案表、工程质量保修书 5 部分。

4.2.3　建设工程质量验收记录

工程施工质量验收是工程建设质量控制的一个重要环节，它包括工程质量的中间验收和工程的竣工验收两个方面。通过对工程建设中间产品和最终产品的质量验收，从过程控制和终端把关两个方面进行工程的质量控制，以确保达到业主所要求的功能和使用价值，实现建设投资的经济效益和社会效益。

工程项目的竣工验收，是项目建设程序的最后一个环节，是全面考核项目建设成果、检查设计与施工质量、确认项目能否投入使用的重要步骤。竣工验收的顺利完成，标志着项目建设阶段的结束和生产使用阶段的开始。尽快完成竣工验收工作，对促进项目早日投入使用，发挥投资效益，有着非常重要的意义。

建设工程质量验收划分为单位（子单位）、分部（子分部）、分项工程和检验批。

4.2.4　竣工验收证明书

自实行竣工验收备案制度后，建设工程质量监督部门不再签发工程质量竣工核实证书，而是质量监督机构对工程监督完毕后，由质量监督工程师在建设工程建设单位组织竣工完毕后 5 日内写出质量监督报告，上报政府建设行政主管部门的备案部门。

竣工验收证明书主要包括勘察、设计、施工、监理单位的工程质量竣工报告（合格证明书）；规划、节能、消防、环保、气象等部门出具的工程认可文件（竣工验收证明书）。

4.2.5　竣工验收报告

在工程竣工验收合格后，建设单位提供的工程竣工验收报告应当包括工程开工及竣工的时间，施工许可证号，施工图及设计文件审查意见，建设、设计、勘察、监理、施工单位分别签署的质量合格文件及验收人员签署的竣工验收原始文件，有关工程质量的检测资料等。

（1）竣工验收报告由建设单位负责填写。

（2）竣工验收报告一式 4 份，一律用钢笔书写，字迹要清晰工整。建设单位、施工单位、城建档案管理部门、建设行政主管部门或其他有关专业工程主管部门各存 1 份。

（3）报告须经建设、设计、施工图审查机构、施工、工程监理单位法定代表人或其委托代理人签字，并加盖单位公章后方为有效。

4.2.6　工程质量保修

建设工程经竣工验收合格后办理竣工验收备案手续前，建设单位还应填写《建设工程竣工验收备案表》。

工程质量保修是指对建设工程（新建、扩建、改建及装修工程）竣工验收后在保修期限内出现的质量缺陷（指工程质量不符合工程建设强制性标准以及合同的约定），予以修复。

根据《建设工程质量管理条例》和《房屋建筑工程质量管理办法》的规定，为保护建设单位、施工单位、房屋建筑所有人和使用人的合法权益，维护公共安全和公众利益，施工单位和建设单位应签署《工程质量保修书》。

竣工决算是竣工验收文件的重要组成部分，是建设单位按照国家有关规定编制的竣工决算报告，是施工单位工程款最终数额的计算。竣工决算书经有资质的造价审查单位核准后归档。

思 考 题

　　1. 竣工验收文件包括哪些内容？

　　2. 竣工验收资料如何整理？

参 考 文 献

水利工程建设项目档案验收管理办法．北京：中国水利水电出版社，2008．